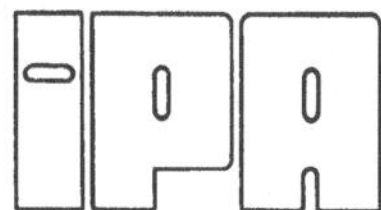

Forschung und Praxis · Band 43

**Berichte aus dem Fraunhofer-Institut
für Produktionstechnik und Automatisierung,
Stuttgart, und dem Institut
für Industrielle Fertigung und Fabrikbetrieb
der Universität Stuttgart**

Herausgeber: Prof. Dr.-Ing. H. J. Warnecke

Gerhard Rabus

Typologie zum überbetrieblichen Vergleich von Fertigungssteuerungsverfahren im Maschinenbau

Mit 88 Abbildungen und 21 Tafeln

Springer-Verlag
Berlin Heidelberg GmbH 1980

Dipl.-Ing. Gerhard Rabus
Fraunhofer-Institut für Produktionstechnik und Automatisierung (IPA), Stuttgart

Dr.-Ing. H. J. Warnecke
o. Professor an der Universität Stuttgart
Fraunhofer-Institut für Produktionstechnik und Automatisierung (IPA), Stuttgart

D 93

ISBN 978-3-540-10376-9   ISBN 978-3-642-81546-1 (eBook)
DOI 10.1007/978-3-642-81546-1

Gesamtherstellung: Drucken + Werben GmbH · Löwenstraße 94 · 7000 Stuttgart 70 · Telefon (07 11) 76 49 59.
2362/3020—543210

Die Entwicklungen in der Produktionstechnik in den
letzten Jahrzehnten haben entscheidend zur positiven
wirtschaftlichen und sozialen Entwicklung in der
Bundesrepublik Deutschland beigetragen. Die Produktivi-
tät konnte jedes Jahr um durchschnittlich etwa 3,5 %
gesteigert werden. Mechanisierung und Automatisierung wurden und werden stetig weiter vorangetrieben.
Während es sich bisher jedoch um Verbesserungen an einzelnen Maschinen und Anlagen sowie Verfahren handelte,
werden heute alle Unternehmensbereiche erfaßt, und man
ist bemüht, das gesamte System Unternehmen bzw. Produktionsbetrieb zu optimieren. Das klassische Bemühen um
Optimierung des Einsatzes und Zusammenwirkens der Pro-
duktionsfaktoren Mensch, Maschine und Material muß heute
erweitert werden um die Berücksichtigung sozialer Belange,
gesetzlicher Auflagen, Probleme der Energieversorgung,
schnellen Veränderungen an den Produkten und auf den
Märkten sowie Sicherung der Qualität und der Lieferfähig-
keit.

Von wissenschaftlicher Seite wird und muß dieses Bemühen
unterstützt werden durch die Entwicklung von Methoden
und Vorgehensweisen zur systematischen Analyse und Verbesserung des Systems Produktionsbetrieb. Hier ist heute
insbesondere auch der Fertigungsingenieur gefordert,
nicht nur einzelne Maschinen und Verfahren zu beherrschen,
sondern das gesamte komplexe System hinsichtlich der Verknüpfung seiner Elemente durch zweckmäßigen Informations-
und Materialfluß. Beispielhaft seien dazu nur hinsichtlich des Informationsflusses die heute gegebenen Möglich-
keiten der Datenerfassung und -verarbeitung in Ferti-
gungsplanung und -steuerung, an den einzelnen

Produktionsanlagen sowie im Qualitätswesen genannt.
Im Materialfluß geht es um richtige Auswahl und Einsatz von Fördermitteln, Förderhilfsmitteln sowie An-
ordnung und Ausstattung von Lägern. Der weiteren Automatisierung in der Handhabung von Werkstücken und
Werkzeugen sowie der Montage von Produkten wird in
nächster Zukunft allergrößte Aufmerksamkeit geschenkt
werden. Leistungsfähige Sensoren werden die Möglich-
keiten dafür sehr stark vergrößern.

Die beiden vom Herausgeber geleiteten Institute, das
Institut für Industrielle Fertigung und Fabrikbetrieb
der Universität Stuttgart sowie das Fraunhofer-Institut
für Produktionstechnik und Automatisierung in Stuttgart,
arbeiten in grundlegender und angewandter Forschung
intensiv an den aufgezeigten Entwicklungen in der Produktionstechnik mit. Zur Umsetzung gewonnener Erkenntnisse wird die Schriftenreihe "IPA Forschung und Praxis"
herausgegeben. Der vorliegende Band setzt diese Reihe
fort, eine Übersicht über bisher erschienene Titel wird
am Schluß dieses Bandes gegeben.

Dem Verfasser sei für die geleistete Arbeit gedankt,
dem Springer-Verlag für die Aufnahme dieser Schriftenreihe in seine Angebotspalette und der Druckerei für
saubere und zügige Ausführung. Möge das Buch von der
Fachwelt gut aufgenommen werden.

                              Hans-Jürgen Warnecke

<u>Vorwort des Verfassers</u>

Die vorliegende Arbeit entstand während meiner Tätigkeit
als wissenschaftlicher Mitarbeiter am Fraunhofer-Institut für
Produktionstechnik und Automatisierung (IPA), Stuttgart.

Bei Herrn Professor Dr.-Ing. H.-J. Warnecke, dem Leiter des
Instituts, bedanke ich mich ganz besonders für die wohlwollende
Förderung und die großzügige Unterstützung.

Mein Dank gilt ebenfalls Herrn Professor DTech. h.c. K.
Tuffentsammer für die eingehende Durchsicht der Arbeit und
die sich daraus ergebenden Hinweise.

Ein herzlicher Dank geht an Herrn Dr.-Ing. habil. H.J. Bullinger,
für seine offene und konstruktive Kritik.

Herrn Dipl.-Wirtsch.-Ing. W.Poths vom Verein Deutscher Maschinenbau - Anstalten (VDMA) danke ich für die Unterstützung bei der
Datenerhebung.

Auch bedanke ich mich bei allen Mitarbeitern des Instituts, die
mir durch kritische Hinweise und stete Einsatzbereitschaft sehr
geholfen haben. Dieser Dank gilt ganz besonders den Herren
Dipl.-Ing. A.Reiser und Dipl.-Ing. U.Maier sowie Frl. M.Hipp,
die mir bei der Erstellung der Bilder eine große Hilfe war.

Schließlich bedanke ich mich ganz herzlich bei meiner Frau
Rosemarie und meinen Kindern Dominik und Miriam, die durch
Geduld und Verständnis wesentlich zum Gelingen dieser Arbeit
beigetragen haben.

Stuttgart, 1980   Gerhard E. Rabus

O ABKÜRZUNGEN UND FORMELGRÖSSEN

O.1 ABKÜRZUNGEN

ALLG 01	Unternehmensart
ALLG 02	Art der betrachteten Organisationseinheit
ALLG 13	Qualitätsanforderungen an die Erzeugnisform
ALLG 15	Qualitätsanforderungen an die Erzeugnisfunktion
ALLG 17	Anteil der besonders ausschußgefährdeten Teile
ALLG 18	Anzahl der Beschäftigten in der Organisationseinheit
ALLG 19	Umsatz/Jahr
ALLG 20	Anzahl unterschiedlicher Produkte
ALLG 21	Anzahl Ersatzteile
BFG 07	Anzahl zu verbuchender Lagerbewegungen/Tag
BFG 15	Anteil ungeplanter Lagerentnahmen
BMONTLIN	Anteil der in Linie mit Zwangslauf montierten Baugruppen
DISP 01	Anteil der auf Zwischenlager gefertigten Teile
DISP 02	Anzahl Teilestammsätze
DLZ	Mittlere Gesamtdurchlaufzeit der Produkte
DLZFERT	Mittlere Durchlaufzeit der Produkte durch die Fertigung
EDV	Elektronische Datenverarbeitung
EFERTLIN	Anteil der in Linie gefertigten Einzelteile
EMONTLIN	Anteil der in Linie mit Zwangslauf montierten Erzeugnisse
ERM 21	Häufigkeit von Primärbedarfsänderungen
FTYP 01	Anteil einmalig gefertigter Erzeugnisse
FTYP 02	Anteil der einzeln aber wiederholt gefertigten Erzeugnisse
FERT 19	Anteil der auf Vorrat gefertigten Erzeugnisse
FERT 37	Mengenmäßiger Anteil der fremdbezogenen Teile
FERT 38	Wertmäßiger Anteil der fremdbezogenen Teile

FERT 53   Durchschnittliche Anzahl der Arbeitvorgänge
          je Teil
FERT 54   Anteil der Wiederholteile
FTYP 03   Auflagehäufigkeit/Jahr bei FTYP 02
FTYP 04   Anteil Kleinstserienfertigung (2-20 Stück/Los)
FTYP 07   Anteil Kleinserienfertigung (21-200 Stück/Los)
FTYP 10   Anteil Serienfertigung (201-2000 Stück/Los)
FTYP 12   Auflagehäufigkeit bei FTYP 10
FTYP 13   Anteil Großserienfertigung (über 2000 Stück/Los)
FTYP 15   Auflagehäufigkeit bei FTYP 13

KWFERT   Grad der Berücksichtigung von Kundenwünschen
          in der Fertigungsphase

MC   Minicomputer
MDT   Mittlere Datentechnik
MKC   Magnetkontencomputer
MLOSGR   Mittlere Losgröße der Teile
MTZAHL   Mittlere Anzahl der Teile je Erzeugnis

SPSS   Statistical Package of Social Sciences
STL 02   Anzahl der aktiven Stücklisten
STL 03   Anzahl der Stücklistenänderungen/Monat
STL 04   Anzahl neu zu erstellender Stücklisten/Monat

VDMA   Verein Deutscher Maschinenbau-Anstalten
VHS 12   Anteil an Teilen mit schwankendem Nachfrageverlauf
VHS 13   Anteil an Teilen mit linearem Nachfragverlauf
VHS 14   Anteil an Teilen mit progressivem Nachfrageverlauf
VHS 15   Anteil an Teilen mit saisonalem Nachfrageverlauf
VHS 16   Anteil an Teilen mit sporadischem Nachfrageverlauf
VSTUF   Anteil an Erzeugnissen mit mehr als 4 Fertigungs-
          stufen

0.2   FORMELGRÖSSEN

d_i Distanzniveau nach der i-ten Fusion

d_{PQ} Euklidischer Abstand zwischen den Objekten
         P und Q

d_{pq} Euklidischer Mittenabstand der Teilmengen
         g_p und g_q

e_l l-tes Element der Menge E

F   Wert der F-Verteilung nach R.A. Fisher /29/

G   Gruppierung einer Menge E der Elemente $e_1,..,e_n$

g_i Teilmenge mit n_i Elementen einer Elementmenge E

HE_i Heterogenitätselastizität bei der Klassenanzahl i

K   Anzahl der Klassen vor der Fusion

K"   Optimale Klassenanzahl

K_i Anzahl der Klassen nach der i-ten Fusion

n   Anzahl der Betriebe

n_i Anzahl der Elemente (Betriebe) der Teilmenge g_i

r   Grenzwert für die Anzahl der Hauptkomponenten

RAOsV   Wert für den Abstand der Gruppenmitten /29,31/

t   Wert der t-Verteilung ("Student's" t) nach W.S.
         Gosset /29/

v   Fusionsstufe

X_P Merkmalsvektor des Objekts P

X_Q Merkmalsvektor des Objekts Q

x_{ip} Wert des i-ten Merkmals des Objekts P

x_{iq} Wert des i-ten Merkmals des Objekts Q

X_{g_q} Mittelwertvektor (Centroid) der Teilmenge g_q

Z_v Fehlerquadratsumme nach v Fusionsstufen

ΔZ_v Fehlerquadratzuwachs auf der v-ten Fusionsstufe

1   E I N L E I T U N G

Die Fertigungssteuerung soll die "Durchführung von Fertigungs-
aufgaben hinsichtlich Menge, Termin, Qualität, Kosten und Arbeitsbedingungen veranlassen, sichern und überwachen" /1/.
Wie Untersuchungen z.B im Bereich des Maschinenbaus zeigen,
sehen fast alle Unternehmen Rationalisierungsmaßnahmen in der
Fertigungssteuerung als wesentliche Ansatzpunkte für die Verbesserung ihrer Wettbewerbsfähigkeit an. Dies drückt sich in
der Bereitschaft aus, einen erheblichen Betrag für die Einführung bzw. Erweiterung EDV-maschineller Lösungen einzelner
Fertigungssteuerungsaufgaben auszugeben /2/.

Die Auswahl geeigneter Verbesserungsmaßnahmen ist jedoch mit einem
erheblichen Aufwand verbunden und birgt das Risiko einer Fehlinvestition.

Ein besonderes Problem ist die Ermittlung der A n f o r d e -
r u n g e n als Grundlage für die Auswahl geeigneter Maßnahmen wegen der engen organisatorischen Verknüpfung der Fertigungssteuerungsaufgaben untereinander und mit dem Fertigungsablauf. Diese Anforderungen ergeben sich aus Merkmalen wie
Fertigungsart, Erzeugnisgliederung und Fertigungstiefe /3/.

Diese Merkmale müssen in jedem Betrieb mit erheblichem Aufwand
ermittelt werden, obwohl sie allgemein für das Problem der EDV-
Auswahl im Fertigungssteuerungsbereich gelten und somit überbetrieblich festlegbar sind.

Ein weiterer Aufwandsfaktor bei der Auswahl ist die B e s c h a f -
f u n g   v o n   E r f a h r u n g s w e r t e n   über bestehende EDV-Anwendungen im Fertigungssteuerungsbereich.

Diese Arbeit soll durch die Entwicklung einer speziellen Betriebstypologie dazu beitragen, den Vorbereitungsaufwand für Verbesserungsmaßnahmen im Fertigungssteuerungsbereich zu verringern.
Hierzu sollen zum einen die relevanten Anforderungskriterien
ermittelt und standardisiert werden, zum anderen soll mit der
Betriebstypologie eine systematische Grundlage entwickelt werden,
die die Beschaffung von Erfahrungswerten durch zwischenbetrieblichen Vergleich vereinfacht.

2 DER TYPOLOGISCHE BETRIEBSVERGLEICH

2.1 BEGRIFFLICHE KLÄRUNG

Der Begriff "Betriebsvergleich" setzt sich aus den Elementen "Betrieb" und "Vergleich" zusammen. In der Praxis wird der Begriff "Betrieb" umfassend gebraucht, während in den Wirtschaftswissenschaften und in Rechtsangelegenheiten streng zwischen "Betrieb" und "Unternehmung" unterschieden wird. Während man mit dem Begriff "Unternehmung" ein Rechtsgebilde bezeichnet, dessen Tätigkeit auf wirtschaftlichem Gebiet liegt, versteht man unter "Betrieb" die wirtschaftliche Arbeitsstätte ohne Rücksicht auf die Rechtsform /4/. Von dieser Definition ausgehend, soll hier unter dem Begriff "Betrieb" die jeweilige als Basis für den Vergleich herangezogene o r g a n i s a t o r i s c h e E i n h e i t verstanden werden. Diese muß neben dem zu betrachtenden Aufgabenbereich der Fertigungssteuerung auch den dazugehörigen Fertigungsablauf enthalten. Damit wird der Begriff "Betrieb" im Sinne von "Betriebsteil", "Werk" verwendet.

Der Vergleich besteht besteht darin, daß betriebliche Gegebenheiten - wie hier die EDV-technischen Hilfsmittel in der Fertigungssteuerung - zum Zwecke einer Urteilsgewinnung gegenübergestellt werden.

Obwohl üblicherweise bereits eine sporadische Gegenüberstellung betrieblicher Gegebenheiten als Betriebsvergleich bezeichnet wird, soll in dieser Arbeit unter dem Begriff "Betriebsvergleich" eine Vergleichstätigkeit nach einer bestimmten Methode mit einem bestimmten Zweck verstanden werden /5/.

Betriebsvergleiche können, wie Bild 1 zeigt, auf sehr unterschiedliche Art durchgeführt werden.

Ein wesentliches Unterscheidungsmerkmal ist die Anzahl der in den Vergleich einbezogenen Betriebe. Nach diesem Kriterium werden unterschieden

- einbetriebliche Vergleiche und
- zwischenbetriebliche Vergleiche /5/.

Beim   e i n b e t r i e b l i c h e n   V e r g l e i c h   werden ausschließlich unternehmensinterne Sachverhalte miteinander verglichen. In der Praxis ist der einbetriebliche Vergleich weiter verbreitet als der zwischenbetriebliche, da die Informationsbeschaffung wesentlich einfacher ist. Er kann jedoch den zwischenbetrieblichen Vergleich nicht ersetzen, da nur Unternehmensinterna in den Vergleich mit einbezogen werden können.

UNTERSCHEIDUNGS-MERKMAL	FORMEN DES BETRIEBSVERGLEICHS	
Anzahl der Vergleichsobjekte	Einbetrieblicher Vergleich	Zwischenbetrieblicher Vergleich
Vergleichszweck	Deskriptiver Vergleich	Kausaler Vergleich
Kontrollmöglichkeit des Vergleichsmaterials	Interner Vergleich	Externer Vergleich
Zeitbeziehung	Statischer Vergleich	Dynamischer Vergleich
Vergleichsgegenstand	Vergleich der Arbeitsbedingungen	Vergleich der Arbeitsergebnisse

Bild 1: Anwendungsformen des Betriebsvergleichs

Beim einbetrieblichen Vergleich werden im wesentlichen folgende Vergleichsprinzipien angewendet:

Während beim Zeitvergleich Daten aus einem bestimmten Bereich zu verschiedenen Zeitpunkten entnommen und miteinander verglichen werden, werden beim Verfahrensvergleich die zur Lösung eines Problems möglichen Verfahren unter Einbeziehung des gegenwärtig im Betrieb realisierten Verfahrens unter Kosten-Nutzen-Gesichtspunkten miteinander verglichen.

Beim Soll-Ist-Vergleich werden geschätzte oder prognostizierte Zielwerte mit dem tatsächlich erreichten Ist-Wert verglichen.

Beim z w i s c h e n b e t r i e b l i c h e n V e r - g l e i c h wird Datenmaterial aus unterschiedlichen Betrieben erfaßt und verglichen. Auch der zwischenbetriebliche Vergleich kommt in mehreren Varianten vor. Der am häufigsten angewandte Vergleich einzelner Betriebe besteht darin, Sachverhalte zweier oder mehrerer konkreter Betriebe dem jeweiligen Zweck entsprechend zu vergleichen. Eine weitere Erscheinungsform des zwischenbetrieblichen Vergleichs ist der Richtzahlenvergleich. Solche Richtzahlen sind z.B. Kennzahlen-Mittelwerte (z.B. Lagerumschlagshäufigkeit) der betrachteten Betriebe oder als Bestzahlen Werte besonders gut wirtschaftender Betriebe.

Ein weiteres Merkmal zur Unterscheidung der vielfältigen Formen des Betriebsvergleichs ist der V e r g l e i c h s - z w e c k . Nach diesem Merkmal ist zu unterscheiden zwischen deskriptiven und kausalen Vergleichen. Der d e s k r i p t i v e Vergleich beschränkt sich darauf, betriebliche Gegebenheiten darzustellen und auf das Gleichartige und das Unterschiedliche in den einzelnen Betrieben hinzuweisen. Der deskriptive Vergleich ist angebracht, wenn Gleichheiten oder Unterschiede nur beschrieben werden sollen, ihre Ursachen aber bereits bekannt sind.

Der k a u s a l e Vergleich dagegen hat zum Ziel, die Ursachen dieser beobachteten Verhältnisse zu erforschen. Dieser Art des Vergleichs kommt in der Praxis ungleich größere Bedeutung zu als dem beschreibenden Vergleich.

Anhand des Unterscheidungsmerkmals K o n t r o l l m ö g - l i c h k e i t d e s V e r g l e i c h s m a t e r i a l s ergibt sich eine Trennung in i n t e r n e und e x t e r n e Vergleiche.

Ein i n t e r n e r Vergleich liegt vor, wenn innerbetriebliches Datenmaterial von einer innerbetrieblichen Stelle erfaßt und ausgewertet wird. Bei e x t e r n e n Vergleichen erfolgt die Erfassung und Auswertung des innerbetrieblichen Datenmaterials von außerhalb stehenden Personen oder Institutionen. Externe Vergleiche führen in der Regel zu objektiveren Aussagen als interne.

Hinsichtlich des Kriteriums Z e i t b e z i e h u n g unterscheidet man weiterhin statische und dynamische Vergleiche. Beim s t a t i s c h e n Vergleich werden auf den gleichen Zeitpunkt bezogene Gegebenheiten mehrerer Betriebe einander gegenübergestellt. Es handelt sich somit um einen Zustandsvergleich. Ein d y n a m i s c h e r Vergleich liegt dann vor, wenn Bewegungen oder Veränderungen in ihrem Ablauf miteinander verglichen werden , d.h. es werden Daten mehrerer Zeitpunkte oder Perioden einander gegenübergestellt.

Ein weiteres Unterscheidungsmerkmal ist der V e r g l e i c h s- g e g e n s t a n d . Bezüglich dieses Merkmals unterscheidet /4/ Vergleiche von Arbeitsbedingungen und Arbeitsergebnissen. A r b e i t s b e d i n g u n g e n beschreiben Struktur und Ausrüstung der Betriebe. A r b e i t s e r g e b n i s s e betreffen im wesentlichen die zahlenmäßig erfaßbaren Aufzeichnungen aus dem wirtschaftlichen Geschehen im Betrieb.

Legt man diese Klassifizierung von Betriebsvergleichen zugrunde, so kann der in dieser Arbeit zu entwickelnde betriebstypologische Betriebsvergleich charakterisiert werden als

- zwischenbetrieblicher
- kausaler
- externer
- statischer

Vergleich der Arbeitsbedingungen.

Für den Vergleich notwendige Referenzdaten aus Betrieben mit gleicher oder ähnlicher Anforderungsstruktur werden mittels einer Betriebstypologie zur Verfügung gestellt. Ein B e -

t r i e b s t y p ist eine Gruppierung von Betrieben, die auf
der "Grundlage sinnvoller Abstraktion und Differenzierung
durch wesentliche Merkmalsausprägungen definiert wird, die
den vielfältigen realen Erscheinungsformen des Untersuchungs-
bereichs gemeinsam sind" /6/. Vom Aufbau einer Betriebstypologie spricht man dann, wenn man aus einer großen Anzahl unterschiedlicher Betriebe nach wesentlichen Merkmalen Betriebstypen
bildet /7/. Diese Typenbildung kann nach folgenden zwei Arten
vorgenommen werden:

- Bildung zweckbestimmter Betriebstypen
- Bildung systematischer Betriebstypen

Während bei z w e c k b e s t i m m t e n Betriebstypen eine
Abhängigkeit zwischen den Typisierungsmerkmalen und den zu vergleichenden Gegebenheiten (z.B. Art der EDV-technischen Unterstützung) besteht, sollen s y s t e m a t i s c h e Typen dazu
beitragen, die theoretisch möglichen Erscheinungsformen (z.B.
unterschiedliche Produktionsstrukturen /8/) durch Entwicklung
geeigneter Schemata zu ordnen.

Unabhängig von den angeführten Vorgehensweisen zur Typenbildung
sind im Hinblick auf die Zusammenfassung der typbildenden Merkmale folgende Typisierungsarten zu unterscheiden:

- Typenbildung durch Zusammenfassung weniger ähnlicher
  bzw. immer zusammen auftretender Einzelmerkmale. Die
  so gebildeten Typen werden als E l e m e n t a r -
  t y p e n bezeichnet. Hierzu zählen Merkmale wie
  Auftragstyp und Organisationstyp.

- Typenbildung durch Verknüpfung möglichst aller
  für eine bestimmte Fragestellung relevanten
  Merkmale. Das Ergebnis dieser Typenbildung
  sind sogenannte V e r b u n d t y p e n.

Verbundtypen bieten gegenüber Elementartypen wesentliche Vorteile, da sie auf einer größeren Merkmalsbasis aufbauen. Dadurch sind derartige Typen erklärungs- und aussagefähiger als
Elementartypen.

Die in dieser Arbeit zu entwickelnde Betriebstypologie soll
den oben genannten Unterscheidungsmerkmalen entsprechend die
Bildung z w e c k b e s t i m m t e r V e r b u n d t y p e n
zum Ziel haben.

2.2   STAND DER ERKENNTNISSE

Um im Hinblick auf die   Zielsetzung den Stand der Erkenntnisse umfassend darzustellen, müssen folgende Aspekte besonders
beachtet werden:

    - Entwicklungsstand fertigungssteuerungspezi-
      fischer Betriebstypologien,
    - Erkenntnisstand bei der Durchführung von Be-
      triebsvergleichen.

2.2.1 <u>Stand der Forschung</u>

Die ersten Überlegungen in Zielrichtung dieser Arbeit enthält
/9/ . Die Verfasser beschreiben Einsatzerfahrungen mit EDV-
unterstützten Fertigungssteuerungsverfahren. Hier wurde bereits erkannt, daß es zur besseren Nutzung der Untersuchungs-
ergebnisse notwendig ist, die untersuchten Betriebe in eine
Systematik einzuordnen. Diese Systematik versucht auf sehr
einfache Art, die untersuchten Betriebe zu typisieren. Hierfür werden die Merkmale Auftragsart (Lager- bzw. Auftrags-
fertigung), Fertigungsart (Einzel- bzw. Serienfertigung), sowie das Erzeugnisspektrum (Erzeugnisse mit/ohne Varianten)
verwendet. Diese Merkmale werden von den Verfassern als Einflußgrößen auf die organisatorische Form der Fertigungssteuerung bezeichnet, womit sie den Gedanken dieser Arbeit untermauern. Sie weisen jedoch darauf hin, daß sowohl die von ihnen
untersuchte Anzahl der Betriebe, als auch die verwendeten Einflußgrößen für die eigentliche Verfahrensauswahl unzureichend
sind. Darüber hinaus wurden die Typisierungsmerkmale will-
kürlich festgelegt.

In den Beiträgen /7, 8, 10/' wird versucht, durch eine Klassifizierung nach Erzeugnissen und den zu ihrer Herstellung erforderlichen technologischen Verfahren eine Typologie aufzubauen. Am weitesten gehen die Ansätze in /11/ , wo eine Industriebetriebslehre unter typologischen Gesichtspunkten entwickelt wird.

Bei der Typenbildung stellt /6/ die Vorgehensweise ausführlich dar und entwickelt eine theoretische Typologie der Fertigung unter dem Gesichtspunkt der Fertigungsablaufplanung. Ähnliche Ausführungen befinden sich in /12, 13, 14, 15, 16, 17/.

Die Zielrichtung dieser Arbeit kommt /18/ am nächsten. Dort wird eine Systematik entwickelt, bei der mit Hilfe betrieblicher Merkmale die Eignung von Fertigungssteuerungsmethoden beschrieben und die Methodenauswahl unterstützt wird.

Zusammenfassend kann festgestellt werden, daß die in dieser Arbeit verfolgte Zielsetzung - die Entwicklung einer Betriebstypologie - in einigen der genannten Beiträge angestrebt wird.

Sämtliche Versuche erbrachten jedoch nur partielle Ansätze zur Lösung dieses Problems. Die Verfahrensauswahl für die Fertigungssteuerung auf der Grundlage eines betriebstypologisch abgesicherten Betriebsvergleichs wurde jedoch weder umfassend systematisch untersucht, noch für die Praxis zufriedenstellend gelöst. Insbesondere wurde bisher nicht versucht, zu diesem Zweck die Betriebstypologie mit der Methode des überbetrieblichen Betriebsvergleichs zu verbinden. Gerade diese Verbindung ist jedoch naheliegend, da der Betriebsvergleich als Entscheidungs- und Analyseinstrument grundsätzlich von Praktikern und Wissenschaftlern anerkannt wird und mit Hilfe der Betriebstypologie ein ganz wesentlicher Ansatzpunkt für die Kritik am Betriebsvergleich beseitigt werden kann. Diese Kritik konzentriert sich auf das Problem der Vergleichbarkeit von Betrieben. Zwar wird zur Lösung dieses Problems einstimmig vorgeschlagen, die zu vergleichenden Betriebe so in Gruppen einzuteilen, daß die darin enthaltenen Betriebe möglichst ähnlich strukturiert sind, eine Vorgehensweise für diese Gruppenbildung wird jedoch nirgends aufgezeigt oder entwickelt.

Einschlägige Arbeiten zum Thema Betriebsvergleich /4, 5, 19, 20, 21, 22, 23/ befassen sich mit der Beschreibung des formalen Ablaufs bei der Durchführung von Betriebsvergleichen, wobei auf die Problematik der Vergleichbarkeit hingewiesen wird. Zur Lösung dieses Problems wird zwar mehrheitlich die bereits erwähnte Gruppenbildung vorgeschlagen, anwendbare Lösungen werden jedoch nicht angegeben.

2.2.2 <u>Stand der Anwendung</u>

In der Praxis verläuft die Verfahrensauswahl heute so, daß sich die Unternehmen entweder von einem unabhängigen Berater, dem Hersteller bzw. Lieferanten der geplanten EDV-Anlage oder von einer anderen überbetrieblichen Institution (z.B. Verband, zentrale Organisationsabteilung eines Konzerns) unterstützen lassen. Sofern im Unternehmen selbst entsprechendes Fachwissen vorhanden ist, und die Personalkapazität ausreicht, wird die Verfahrensauswahl auch selbständig vorgenommen.

Vor einer endgültigen Entscheidung werden jedoch in der Regel Referenzbetriebe des EDV-Herstellers besucht, bei denen man eine gleiche oder ähnliche Problemstellung wie im eigenen Betrieb vermutet. In sämtlichen Fällen wird - wenn auch oft unsachgemäß und manchmal unbewußt - die Methode des Betriebsvergleichs in der Praxis bereits auf breiter Basis für die Verfahrensauswahl verwendet.

Zwischenbetriebliche Vergleiche, die die Gegenüberstellung w i r t s c h a f t l i c h e r T a t b e s t ä n d e zum Inhalt haben, sind in der Praxis sehr verbreitet. Vorherrschend ist hierbei der in 2.1 angesprochene Richtzahlenvergleich. Als Beispiel hierfür sei der Kennzahlenkompaß /24/ des VDMA genannt. Hierbei handelt es sich um Werte, die den Durchschnitt aller Fachzweige, Betriebsgrössen und Unternehmensformen darstellen, so daß die Aussagekraft dieser Richtzahlen sehr begrenzt ist. Bei einem anderen, ebenfalls vom VDMA durchgeführten sogenannten zwischenbetrieblichen Vergleich erfolgt eine Art Typisierung der Firmen hinsichtlich Betriebsgröße, Erzeugnisart und Fertigungsart. Zwar ist die Praxis an derartigem Zahlenmaterial stark interessiert, gleichzeitig konzentriert sich jedoch die Kritik auf die beschränkte Aussagekraft dieser Daten. Zum einen sind die Zahlen zu wenig differenziert, da es sich nur um branchenbezogene Durchschnittswerte handelt, zum anderen werden die Typisierungsmerkmale ohne Nachweis ihres Einflusses auf das Untersuchungsfeld ausgewählt und sind auch hinsichtlich ihrer Anzahl unzureichend. Somit muß auch in bezug auf den Stand der Erkenntnisse in der Praxis festgestellt werden, daß zwar die Notwendigkeit der Typisierung erkannt wird, jedoch auch hier keine Lösungen vorhanden sind.

Ein bisher bei allen Betriebsvergleichen u n g e l ö s t e s P r o b l e m ist insbesondere die Beschreibung der Ähnlichkeit von Vergleichsbetrieben. Bis heute fehlen Angaben darüber, anhand welcher betrieblicher Merkmale die Ähnlichkeit festgestellt und mit welchen Maßen sie gemessen werden soll. Dieses Kernproblem, das im Grunde als V o r a u s s e t z u n g f ü r d i e D u r c h f ü h r u n g v o n B e t r i e b s - v e r g l e i c h e n überhaupt anzusehen ist, soll in dieser Arbeit durch eine auf die Unterstützung der Verfahrensauswahl im Bereich der Fertigungssteuerung ausgerichtete Betriebstypologie an Beispielen gezeigt und gelöst werden.

Die Entwicklung einer derartigen Vorgehensweise gewinnt auch noch aus anderer Sicht besondere Bedeutung. Zentrale Organisationsabteilungen in Konzernen, ebenso wie Hersteller mehrfach verwendbarer Anwendungsprogramme müssen aus wirtschaftlichen Gründen darauf achten, daß die von ihnen entwickelten Verfahren möglichst auf breiter Basis einsetzbar sind. Diese Auflagen erklären das wachsende Interesse derartiger Stellen an einer Vorgehensweise zur Typisierung von Betrieben, wie sie in dieser Arbeit entwickelt werden soll. Mit Hilfe einer derartigen Betriebstypologie können nämlich die Grundlagen für die Entwicklung typbezogener Verfahrenslösungen geschaffen werden. Die Größe der einzelnen Typen gibt dabei gleichzeitig Aufschluß über die Größe des zu erwartenden Einsatzfeldes. Heute auf dem Markt angebotene Anwendungsprogramme für die Fertigungssteuerung berücksichtigen zum Teil diesen Typologieaspekt, jedoch bisher nur, indem unterschieden wird zwischen kundenauftragsbezogener Einzelfertigung und kundenneutraler

Lagerfertigung. Fertige Lösungen oder Konzeptionen für eine
betriebstypologische Verfahrensgestaltung sind aus der Praxis
jedoch noch nicht bekannt.

3 ZIEL DER ARBEIT UND VORGEHENSWEISE

Auswahl und Gestaltung EDV-unterstützter Fertigungssteuerungssysteme sind mit einem sehr hohen Kosten- und Personalaufwand verbunden und bergen in sich darüber hinaus in hohem Maße das Risiko einer Fehlinvestition. Bis heute gibt es keine Hilfsmittel, mit denen EDV-technische Hilfsmittel für die Fertigungssteuerung in fachlicher oder wirtschaftlicher Hinsicht eindeutig bestimmbar sind. Die Entscheidungsfindung kann nur durch spezielle Untersuchungen (z.B. Tätigkeits-, Bestands- und Durchlaufzeitanalysen) unterstützt werden. Was besonders fehlt, ist eine systematische Untersuchung der Zusammenhänge zwischen den durch betriebliche Strukturmerkmale repräsentierten Anforderungen und den daraus abgeleiteten Lösungen. Die Kenntnis dieser Zusammenhänge würde es zum einen erlauben, die Ermittlung des betriebsspezifischen Anforderungprofils zu standardisieren, zum anderen könnte damit die Voraussetzung geschaffen werden, durch Anwendung des zwischenbetrieblichen Betriebsvergleichs Erfahrungswerte überbetrieblich zu nutzen.
In dieser Arbeit wird deshalb zunächst der Zusammenhang zwischen Anforderungen und Lösung beispielhaft für den Einsatz EDV-technischer Hilfsmittel und die Frage der Durchführungshäufigkeit von Fertigungssteuerungsaufgaben systematisch untersucht.Aufbauend auf den ermittelten Anforderungskriterien wird dann eine Betriebstypologie entwickelt, um die für zwischenbetriebliche Vergleiche notwendige Voraussetzung zu schaffen.Die gewonnenen Erkenntnisse werden dann in eine systematische und praxisgerechte Vorgehensweise umgesetzt. Diese Vorgehensweise soll es ermöglichen, Betriebe mit gleichen oder ähnlichen Anforderungen hinsichtlich <u>EDV-technischer Hilfsmittel</u> und <u>Durchführungshäufigkeit</u> der Fertigungssteuerungsaufgaben zu vergleichen, um daraus Entscheidungshilfen abzuleiten.
Da die zu entwickelnde Vorgehensweise auf breiter Basis einsetzbar sein soll, wird es notwendig sein, für Betriebstypologie und Betriebsvergleich einheitliche und objektiv beschreibbare Kriterien zu ermitteln. Die zunächst subjektiv auszuwählenden Kriterien sind dann hinsichtlich ihres tatsächlichen Einflusses auf die Verfahrensauswahl zu untersuchen. Damit soll sichergestellt werden, daß für Betriebstypologie

und Betriebsvergleiche ausschließlich verfahrensrelevante
Kriterien verwendet werden. Darüberhinaus muß ein Weg gefunden
werden,den Grad der Ähnlichkeit zwischen den zu vergleichenden Betrieben zu quantifizieren, um Betriebstypen quantitativ definieren zu können. Für die Anwendung der Betriebstypologie in der Praxis soll schließlich ein Anwendungsschema
entwickelt und erprobt werden. Die Realisierung dieser Ziele
erfordert eine Systematik wie sie in Bild 2 dargestellt ist.

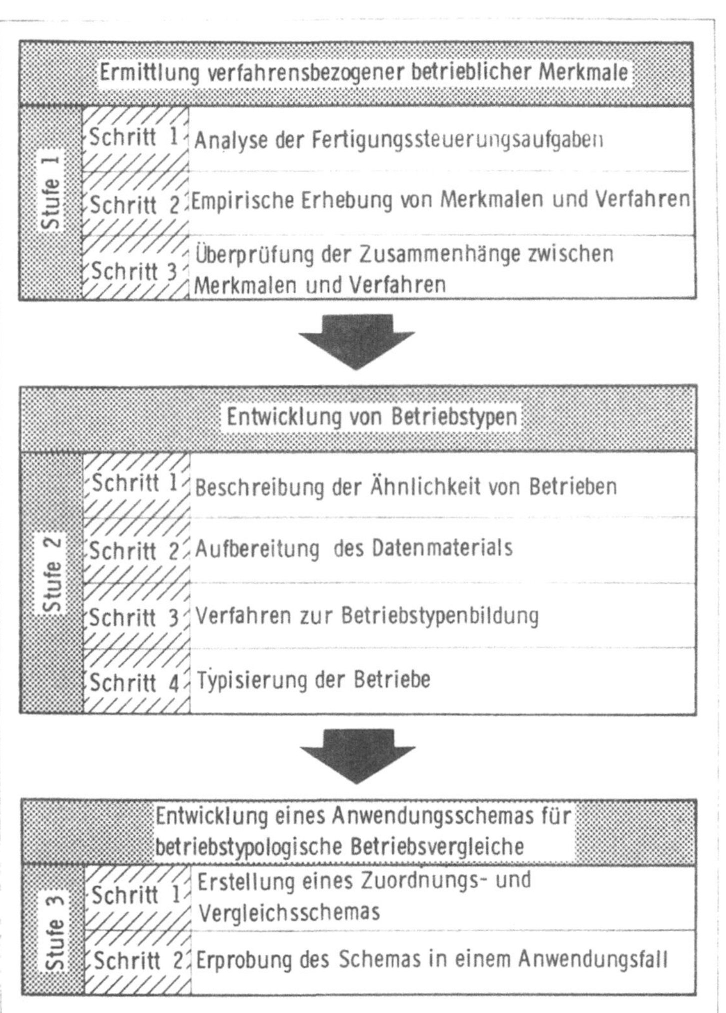

Bild 2: Vorgehensweise zur Entwicklung eines Anwendungs-
schemas für betriebstypologische Betriebsvergleiche

Anhand dieser Systematik kann die Entwicklung eines Instrumentariums für betriebstypologische Betriebsvergleiche unabhängig von Branchenzugehörigkeit und Aufgabenbereich vorgenommen werden.

Ziel der <u>Stufe 1</u> ist die Ermittlung derjenigen Merkmale, die einen Einfluß auf die Verfahrensanwendung im Bereich der Fertigungssteuerung ausüben.

Hierfür sind zunächst aufgrund sachlogischer Überlegungen für die einzelnen Aufgaben der Fertigungssteuerung diejenigen Merkmale zu ermitteln, denen ein Einfluß auf die Art der jeweiligen Verfahrensanwendung unterstellt werden kann. Durch eine empirische Erhebung soll dann das nötige Datenmaterial beschafft werden, um in einem weiteren Schritt die zwischen Merkmalen und Verfahren hergestellten sachlogischen Beziehungen auf praktische Gültigkeit hin überprüfen zu können.

In der <u>Stufe 2</u> sollen dann diejenigen Betriebe zu Betriebstypen zusammengefaßt werden, die sich bezüglich der in der Stufe 1 ermittelten Merkmale ähnlich sind.

Im ersten Schritt dieser Stufe ist zu untersuchen, wie der Grad der Ähnlichkeit beschrieben werden kann. Anschließend ist dann ein geeignetes Verfahren zu finden, mit dem die als Schritt 4 angeführte Typisierung der Betriebe durchgeführt werden kann.

In <u>Stufe 3</u> schließlich ist ein Schema zu entwickeln, das die Anwendung der Betriebstypologie bei der Durchführung von Betriebsvergleichen ermöglicht. Dieses Schema muß zum einen eine Möglichkeit schaffen, einen beliebigen Betrieb der im Rahmen dieser Betriebstypologie betrachteten Branche einem der Betriebstypen zuzuordnen, zum anderen soll es die Durchführung des Vergleichs formal unterstützen. Nachdem im ersten Schritt das Schema entwickelt wird, soll es im zweiten Schritt in einem Anwendungsfall erprobt werden.

4 ABGRENZUNG DES UNTERSUCHUNGS-BEREICHS

4.1 AUFGABENBEREICH FERTIGUNGSSTEUERUNG

Diese Arbeit konzentriert sich ausschließlich auf den Bereich
der Fertigungssteuerung mit den Aufgabenbereichen "Materialbewirtschaftung und Auftragsabwicklung". Hierzu gehören die
Mengen- und Terminermittlung und die Vorgabe von Solldaten an
den Betrieb. Sie überwacht die Fertigung durch Vergleich von
Ist- und Sollzustand und sichert die Durchführung der Fertigungsaufträge. Im einzelnen gehören zur Fertigungssteuerung
die in den Bildern 3 und 4 dargestellten Aufgaben.

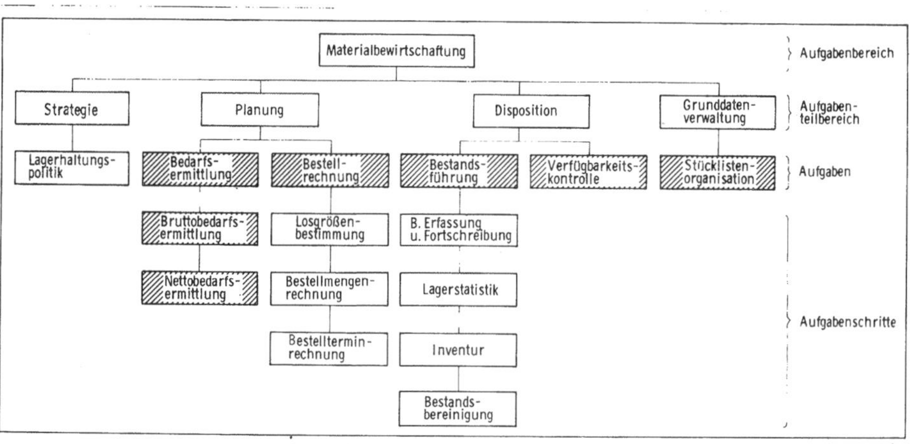

Bild 3: Funktionen der Materialbewirtschaftung /18/
(In dieser Arbeit betrachtete Funktionen sind schraffiert)

Diese Einzelaufgaben sind Grundlage für die im Kap. 5.1
("Analyse der Fertigungssteuerungsaufgaben") dieser Arbeit
durchzuführende Aufgabenanalyse, mit deren Hilfe die für die
Verfahrensauswahl relevanten Betriebsmerkmale ermittelt werden
sollen.

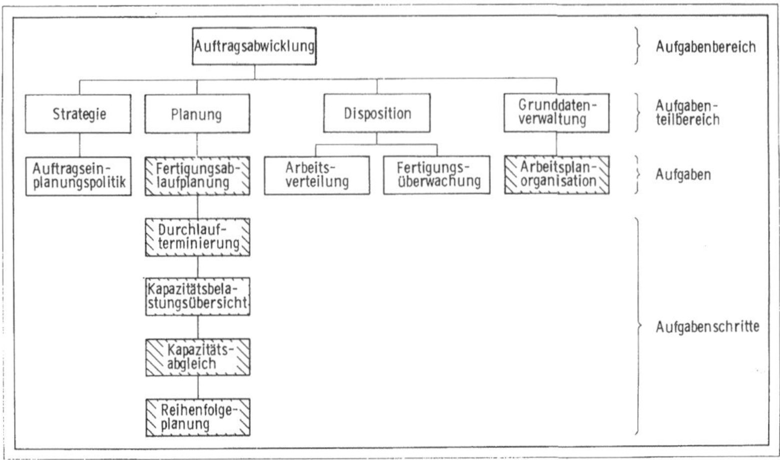

Bild 4: Funktionen der Auftragsabwicklung
(In dieser Arbeit betrachtete Funktionen
sind schraffiert)

4.2 VERFAHREN DER FERTIGUNGSSTEUERUNG

Als V e r f a h r e n wird hier ein System zur Lösung tech-
nisch-organisatorischer Aufgaben verstanden, wie sie in den
Bildern 3 und 4 dargestellt sind. Dieses System besteht aus
den Elementen

- Methode,
- Hilfsmittel und
- Durchführungshäufigkeit.

Diese Elemente wirken so zusammen, daß die jeweilige Aufgabe
mindestens ausreichend erfüllt wird.

Während die Frage der Methodenauswahl im Rahmen der Software-
beschaffung zu lösen ist /18/, widmet sich diese Arbeit hier
den Verfahrenskomponenten "Hilfsmittel" und "Durchführungshäufigkeit", die bei der Hardwareauswahl von ausschlaggebender
Bedeutung sind.

4.2.1 Hilfsmittel

Als H i l f s m i t t e l werden hier Organisationsmittel
verstanden, die die Erfüllung einer technisch-organisatori-
schen Aufgabe unterstützen oder übernehmen. Dies kann dadurch
erfolgen, daß sie z.B. die Anwendung bestimmter Methoden ermöglichen oder unterstützen, oder daß sie bei Entscheidungen
die Zeit zur Informationsbeschaffung verkürzen helfen.

Im Bereich der Fertigungssteuerung gewinnen EDV-technische
Hilfsmittel gegenüber den manuellen Hilfsmitteln immer stärker
an Bedeutung. Die EDV-technischen Hilfsmittel erlauben aufgrund
der Vielzahl der Systemelemente, aus denen sie bestehen und der
Art ihrer Kombination sowie aufgrund der Art der Systembetrei-
bung und Systemnutzung eine große Alternativenvielfalt. Um diese Vielfalt für das einzelne Anwenderunternehmen überschaubar
zu gestalten, bedarf es deshalb einer Ordnung. Mögliche Ord-
nungskriterien sind die S y s t e m f o r m , die auf die
technische Seite der Konfiguration bzw. Konfigurationsnutzung
des EDV-Systems abstellt und sich hauptsächlich auf die
Anlagentechnik bezieht /25/. Die Praxis verwendet hier Bezeich-
nungen wie

- Magnetkontencomputer (MKC)
- Anlagen der mittleren Datentechnik (MDT)
- Mini-Computer (MC)
- EDV-Anlagen im engeren Sinne
- Groß-EDV-Anlagen.

In der Regel liegen einer solchen Einteilung die Kriterien
H a u p t s p e i c h e r g r ö ß e und P r e i s zugrunde.
Aufgrund der Variationsbreite der verschiedenen Konfigurationen
und aufgrund der starken Überlappung der einzelnen Klassen ist
es kaum möglich, auf dieser Einteilung eine exakte Unterscheidung der Hilfsmittel aufzubauen. Hinzu kommt, daß sowohl in
technischer als auch in preislicher Hinsicht auf dem EDV-Sek-
tor ein sehr schneller Wandel zu beobachten ist und deshalb
eine solche Einteilung sehr schnell ihre Aktualität verlieren
würde.

Neben dieser Unterscheidung nach der S y s t e m f o r m werden EDV-Systeme nach der B e t r i e b s f o r m oder der
N u t z u n g s f o r m unterschieden. Während die Betriebs-
form die Arten der Lösungswege und Lösungstechniken einer Auf-
gabenstellung umfaßt, die einem EDV-System übertragen ist, dabei von der Seite des Betriebssystems ausgeht und sich im
wesentlichen auf die System-Software bezieht, stellt die
N u t z u n g s f o r m das Zusammenspiel des Benutzers mit
dem EDV-System in den Vordergrund der Betrachtung und bezieht
sich im wesentlichen auf die Anwendungskonzeption.

Da die verschiedenen Aufgaben der Materialbewirtschaftung und
Auftragsabwicklung ungeachtet der bei jedem Betrieb unter-
schiedlichen zu verarbeitenden Datenmenge gerade an die
N u t z u n g s f o r m einer EDV-Anlage unterschiedliche
Anforderungen stellen, wird diese Unterscheidung für die vor-
liegende Arbeit gewählt. Aus dieser Sicht lassen sich für den
Aufgabenbereich Fertigungssteuerung die EDV-technischen Hilfs-
mittel dann unterteilen in:

- Magnetkontencomputer (MKC)
- EDV-Anlagen mit ausschließlicher
  Stapelverarbeitung
- EDV-Anlagen mit der Möglichkeit zur
  Dialogverarbeitung.

Auf die häufig anzutreffende Unterscheidung zwischen EDV mit
Bildschirm und EDV ohne Bildschirm als Bezeichnung für dialogorientierte bzw. stapelverarbeitungsorientierte EDV-Systeme
wurde verzichtet, da mit dem Einsatz von Bildschirmen zur Be-
dienerführung von stapelverarbeitungsorientierten Systemen
diese Unterscheidung unscharf ist.

Magnetkontencomputer

Kennzeichnend für diese Hilfsmittelgruppe ist die Magnetkonto-
karte als Datenträger und Speichermedium. Die über eine Art
Schreibmaschinentastatur eingegebenen Daten sind auf der Mag-
netkontokarte in Klarschrift lesbar, werden jedoch gleichzeitig auf einem mit der Karte verbundenen Magnetstreifen

maschinell verarbeitbar aufgezeichnet. Da die Karten manuell
zu sortieren, ein- und auszugeben sind, eignet sich dieses
Hilfsmittel nur beschränkt und nur für kleinere Datenmengen.

EDV-Anlagen mit ausschließlicher Stapelverarbeitung

Hierbei handelt es sich um Anlagen, mit denen die an einer
Datenquelle (z.B. Materiallager) gesammelten Informations-
träger (z.B. Lochkarten) im Stapel verarbeitet werden. Diese
Stapelverarbeitung kann ein- oder mehrmals täglich, wöchentlich oder in anderen Zeitabständen ablaufen. Das charakteri-
stische Merkmal hinsichtlich der Nutzungsform ist die Warte-
zeit des Benutzers auf das Ergebnis der Verarbeitung. Dieses
richtet sich nach den oben genannten zeitlichen Abständen,
in denen diese Stapelverarbeitung erfolgt.

EDV-Anlagen mit der Möglichkeit zur Dialogverarbeitung

Hilfsmittel dieser Art ermöglichen ein direktes Zusammenspiel
mit dem Benutzer, das in der Regel über Bildschirm und Tasta-
tur erfolgt. Die Antwortzeiten liegen bei dieser Nutzungsform im Sekunden- bis Minutenbereich. Die Dialogverarbeitung
stellte an die Rechnertechnik besondere Anforderungen, die insbesondere, was die Datensicherung (physisch und gegen unbefug-
ten Zugriff) betrifft, noch nicht befriedigend gelöst sind.
Hinzu kommt, daß die bisher in der Mehrzahl stapelverarbeitungsorientierten EDV-Anlagen nicht ohne weiteres auf Dialogbetrieb
umgestellt werden können. Diese Gründe haben mit dazu beigetragen, daß dialogorientierte EDV-Anlagen erst langsam eine
größere Einsatzbreite erreichen.

Manuelle Hilfsmittel

Hierzu gehören sämtliche Hilfsmittel, die die manuelle Aufgabenerfüllung unterstützen (z.B. Plantafeln, Karteien,Verviel-
fältigungsgeräte). Da sie im Rahmen dieser Arbeit von unter-
geordneter Bedeutung sind, werden sie in einer einzigen Gruppe
zusammengefaßt.

4.2.2 Durchführungshäufigkeit

Die Durchführungshäufigkeit einer Aufgabe gibt an, innerhalb
welchen Zeitraums eine Aufgabe wiederholt durchgeführt wird.
Bei Planungsaufgaben ist hierfür die Bezeichnung Planungs-

rhythmus gebräuchlich. Die Wiederholung der Aufgabendurchführung wird dann notwendig, wenn sich der zum Zeitpunkt der
letzten Aufgabendurchführung zugrundeliegende Ist-Zustand verändert und das planerische Abbild vom aktuellen Ist-Zustand
zu stark abweicht. Die Änderungsgeschwindigkeit des Ist-Zustands
beeinflußt somit entscheidend die Durchführungshäufigkeit. Da
jede Wiederholung einer Aufgabe jedoch zusätzlichen Aufwand
bedeutet, wird die Häufigkeit der Aufgabendurchführung durch
wirtschaftliche Gesichtspunkte nach oben hin begrenzt. Eine
weitere Einschränkung ergibt sich aus der Zeitdauer für die
Aufgabendurchführung, d.h. eine Aufgabe läßt sich aufgrund
der Zeitdauer ihrer Durchführung innerhalb eines festgelegten
Zeitraums nicht beliebig oft wiederholen. Im sehr kurzfristi-
gen Bereich wird die Häufigkeit der Aufgabendurchführung somit
letztlich durch die Zeitdauer für ihre Durchführung und damit
unter Umständen durch die Art des verwendeten Hilfsmittels beeinflußt.

Die richtige Wahl der Durchführungshäufigkeit hat entscheiden-
den Einfluß auf die Aktualität der den Planungs-, Steuerungs-
und Überwachungsaktivitäten zugrundeliegenden Daten und damit
auf die Wirksamkeit und Richtigkeit der zu treffenden bzw.
getroffenen Maßnahmen, zum anderen jedoch ebenfalls auf die
Wirtschaftlichkeit der Aufgabendurchführung.

5 ERMITTLUNG VERFAHRENSBEZOGENER BETRIEBLICHER MERKMALE

Die Verfahrensauswahl wird durch die jeweiligen im Betrieb
vorliegenden Anforderungen bestimmt, die wiederum Ausdruck
verfahrensrelevanter betrieblicher Strukturmerkmale sind. So
wird z.B. ein großes Datenvolumen mit umfangreichen Sortier-
arbeiten eher zu einem EDV-technischen als zu einem manuellen
Verfahren führen. Eine weitere Spezifikation wird sich dann
z.B. aus der Änderungsintensität von Stücklistendaten ergeben,
die in Verbindung mit weiteren Merkmalen den Ausschlag für ein
dialogorientiertes EDV-System geben kann.

Die Ermittlung dieser Merkmale erfolgt anhand einer A n a -
l y s e d e r F e r t i g u n g s s t e u e r u n g s a u f -
g a b e n und ist auf die Verfahrenskomponenten Hilfsmittel
und Durchführungsrhythmus abgestimmt. Die Untersuchung konzentriert sich hierbei auf diejenigen Aufgaben der Fertigungssteuerung, bei denen Daten verarbeitet werden und bei denen
der Einsatz sämtlicher angesprochener Verfahrenselemente grundsätzlich möglich ist. Für manuelle Verfahren ist diese Voraussetzung bei jeder Datenverarbeitungsaufgabe gegeben. EDV-
technische Verfahren dagegen setzen jedoch die Automatisierungsfähigkeit einer solchen Aufgabe bzw. eines Aufgaben-
schrittes davon voraus. Dies bedeutet, daß aufgrund der V o r -
h e r s e h b a r k e i t und der ausreichenden D e t e r -
m i n i e r b a r k e i t des Aufgabenablaufs eine Aufgabe pro-
grammierbar ist /26/. Somit konzentriert sich die Verfahrensauswahl innerhalb der Fertigungssteuerung auf Aufgaben der
Planungsebene und der Grunddatenverwaltung, da diese Aufgaben
die genannten Forderungen erfüllen (vgl. Bilder 3 und 4).

Während die Kriterien zur Auswahl des Verfahrenselements
Methode ausführlich in /18/ behandelt werden, steht hier die
Ermittlung der für die Auswahl der Verfahrenskomponenten Hilfs-

mittel und Durchführungsrhythmus relevanten Merkmale im Vordergrund. Diese sind im Gegensatz zu den methodenrelevanten Kriterien in der Mehrzahl quantitativ. Dies erklärt sich daraus, daß z.B. Hilfsmittel in erster Linie dazu beitragen sollen, den Datenverarbeitungsaufwand zu senken, der im wesentlichen darin besteht, einen bestimmten Grunddatenbestand zu verwalten und Bewegungsdaten zu verarbeiten.

Das aus den Datenverarbeitungsaufgaben abzuleitende Mengengerüst der Daten ergibt in Verbindung mit dem Faktor Zeit ein Maß für den Datenverarbeitungsaufwand sowie den erforderlichen Durchführungsrhythmus. Die Aufgabenanalyse konzentriert sich demnach auf diejenigen betrieblichen Strukturmerkmale, die das Mengengerüst der Daten sowie zeitliche Aspekte der Datenverarbeitungsaufgaben repräsentieren. Eine Messung des Datenverarbeitungsaufwands mit Hilfe der Tätigkeitsanalyse wird hier als unzweckmäßig angesehen, da im Gegensatz zu der hier beabsichtigten Vorgehensweise zur Charakterisierung des Datenverarbeitungsaufwands dieser bei der Tätigkeitsanalyse nicht objektivierbar ist; denn dort bestimmt die subjektive Leistung des jeweiligen Bearbeiters letztlich den Aufwand.

5.1 ANALYSE DER FERTIGUNGSSTEUERUNGSAUFGABEN

Die Verfahrensanwendung im Bereich der Fertigungssteuerung wird durch funktionale und datentechnische Anforderungen bestimmt, die an die jeweilige Aufgabe gestellt werden (Bild 5). Diese Anforderungen entstehen zum einen aus den Wünschen des Marktes, aus Gegebenheiten des Fertigungsablaufs und aus unternehmensbezogenen Eigenschaften. So kann man z.B. erwarten, daß ein Unternehmen, das in einem Konzern eingebunden ist, aufgrund der größeren Finanzkraft und insbesondere des vorhandenen Fachwissens eher zu einer EDV-unterstützten Verfahrenslösung neigt, als ein selbständiges Unternehmen, bei dem diese Voraussetzungen oft fehlen. In viel stärkerem Maße jedoch wird die Verfahrensanwendung durch Anforderungen bestimmt, die direkt aus den Einzelaufgaben der Fertigungssteuerung abzuleiten sind.

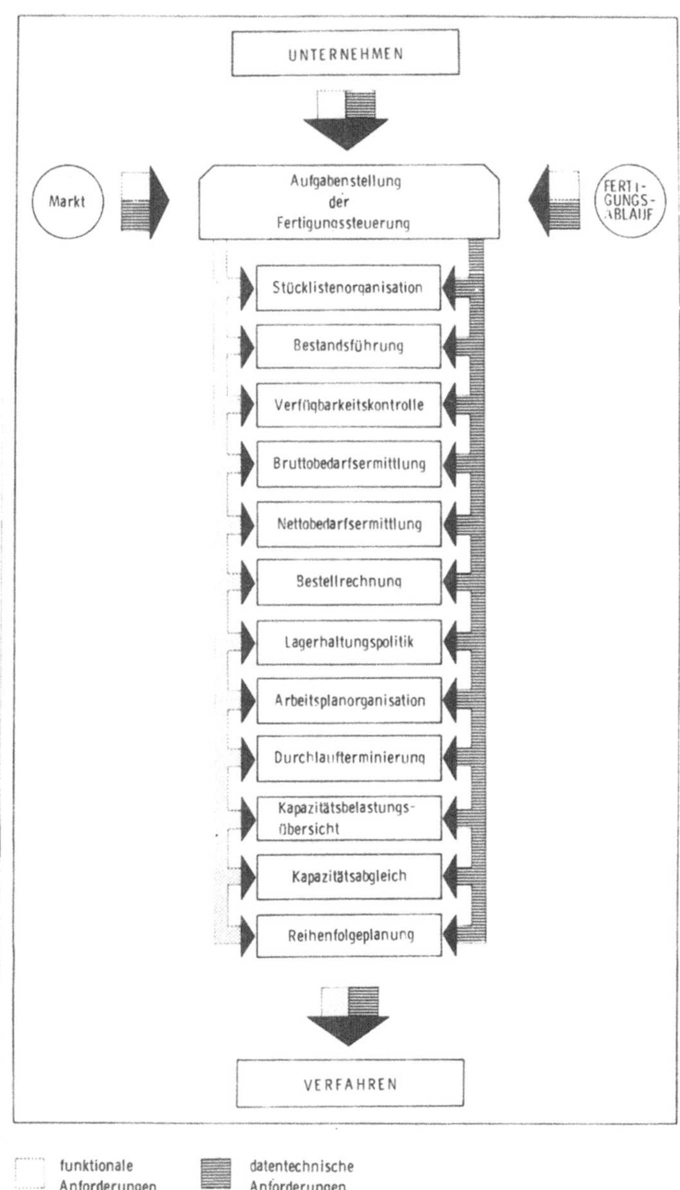

Bild 5:

Umfeldanforderungen an die Aufgaben der Fertigungssteuerung

Die Ermittlung verfahrensrelevanter Merkmale muß somit stufen-
weise erfolgen. In Bild 6 sind zunächst diejenigen Anforderungskriterien zusammengestellt, die nicht direkt aufgabenbezogen sind, sondern sich aus unternehmens- und marktbe-
zogenen Einflüssen sowie aus Einflüssen aus dem Fertigungsablauf ergeben.

Bild 6: Indirekte Anforderungskriterien an
die Verfahrensanwendung in der
Fertigungssteuerung

Die Ermittlung der aufgabenbezogenen Einflußgrößen muß nun durch eine Analyse jeder einzelnen Fertigungssteuerungsaufgabe erfolgen. Dabei ist insbesondere zu klären, welche datentechnischen Größen für die Verfahrensanwendung bestimmend sind. Solche datentechnischen Anforderungen sind jedoch nur im Rahmen funktionaler Anforderungen möglich, da sie nur dann zweckgerichtet sind. Dies bedeutet, daß die datentechnischen Anforderungen nur über funktionale Anforderungen ableitbar sind. Diese Ableitung muß aufgabenbezogen erfolgen, da erst auf dieser Ebene die funktionalen Anforderungen ausreichend konkretisierbar sind.

5.1.1 Stücklistenorganisation

Der Datenverarbeitungsaufwand wird hier geprägt durch das Erstellen, Verwalten und Löschen der Stücklisten (Bild 7).

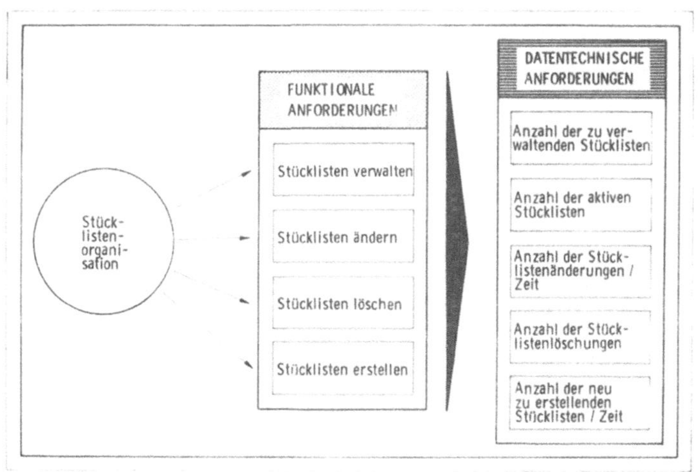

Bild 7: Funktionale und datentechnische Anforderungen
an die Stücklistenorganisation

Unterschieden werden dabei die "aktiven" Stücklisten, die für die laufende Fertigung verwendet werden und Stücklisten, die für den Fall archiviert sind, daß ein Teil, das im Augenblick nicht gefragt ist, zu einem späteren Zeitpunkt wieder produziert werden muß. Der Durchführungsrhythmus wird wesentlich durch die Änderungsintensität der Stücklisten bestimmt.

Ein übergeordneter Einfluß auf die Art der Verfahrensanwendung in dieser Aufgabe wird der Betriebsgröße, gemessen an der Zahl der Beschäftigten unterstellt. Zum einen wächst mit zunehmender Beschäftigtenzahl ganz generell das zu verarbeitende Datenvolumen, zum anderen in der Regel auch die Kapitalkraft eines Unternehmens. Der Fertigungstyp gibt an, in welcher Stückzahl je Auflage gleiche Enderzeugnisse hergestellt werden. Es ist zu erwarten, daß bei zunehmender Stückzahl aufgrund des größeren Wiederholcharakters der EDV-Einsatz zunimmt. Eine zunehmende Variantenzahl wird sich im Hinblick auf eine bessere Überschaubarkeit des Produktspektrums ebenfalls positiv auf den EDV-Einsatz auswirken. Gleiches gilt bei steigender Anzahl unterschiedlicher Produkte und zunehmendem Anteil der Wiederholteile.

5.1.2 Bestandsführung

Die Verfahrensauswahl wird durch die Art der geführten Bestände

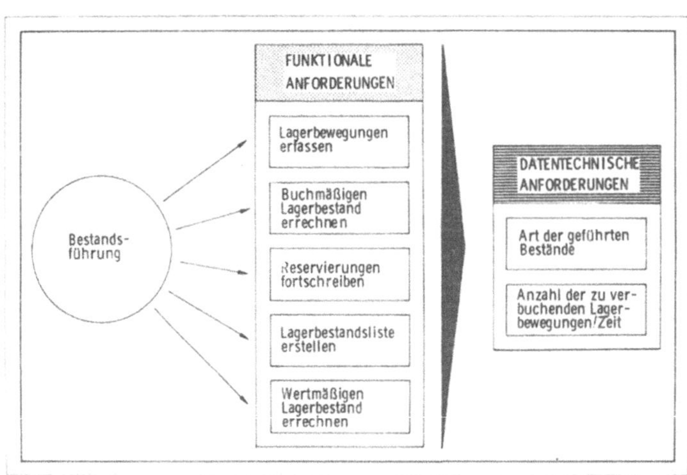

Bild 8: Funktionale und datentechnische Anforderungen an die Bestandsführung

sowie die Anzahl der je Zeiteinheit zu verbuchenden Lagerbewegungen bestimmt (Bild 8). Werden je Tag sehr viele Teile im Lager bewegt, so steigen damit die Forderungen in bezug auf die Aktualität der Bestandsführung. Darüber hinaus ist zu erwarten, daß bei kundenauftragsorientierter Fertigung aufgrund des geringen Anteils an Wiederholteilen weniger Teile auf Lager gehalten werden als bei anonymer Lagerfertigung mit sehr vielen Wiederholteilen.

5.1.3 Verfügbarkeitskontrolle

Da diese Aufgabe sicherstellen soll, daß ein Fertigungsauftrag ohne Verzögerung durch fehlendes Material gefertigt werden kann, muß für jeden Fertigungsauftrag vor seiner Freigabe geprüft werden, ob das Material für die einzelnen Arbeitsvorgänge vorhanden ist (Bild 9).

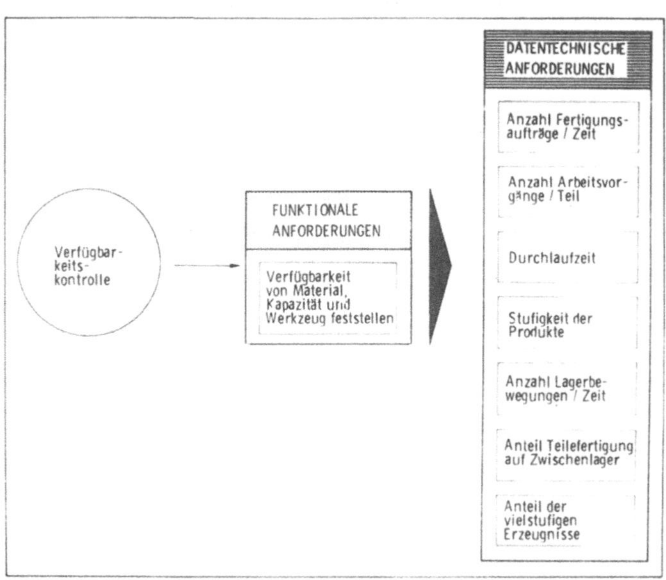

Bild 9: Funktionale und datentechnische Anforderungen
        an die Verfügbarkeitskontrolle

Auch falls Kundenwünsche in der Fertigungsphase noch zu berücksichtigen sind, kann eine zusätzliche Verfügbarkeitsprüfung notwendig werden. Der Umfang der Verfügbarkeitskontrolle wird, falls ein Produkt als ganzes betrachtet wird, durch dessen Stufigkeit und seine Durchlaufzeit beeinflußt. Falls Teile auf Zwischenlager gefertigt werden, so ist auch dieses ggf. zu berücksichtigen. Mit zunehmendem Aufwand wird man von einem manuellen Verfahren auf ein EDV-unterstütztes übergehen.

5.1.4 Bruttobedarfsermittlung

Für die deterministische Bedarfsermittlung ausschlaggebend ist die Anzahl der aktiven Stücklisten in Verbindung mit dem Anteil der deterministisch disponierten Teile und Baugruppen (Bild 1o). Eine Zunahme dieser Merkmale läßt eine Tendenz in Richtung EDV-Einsatz erwarten. Gleiches gilt für Wiederholteile sowie bei zunehmender Komplexität der Produkte, was durch eine zunehmende Stufigkeit der Produkte und Erhöhung

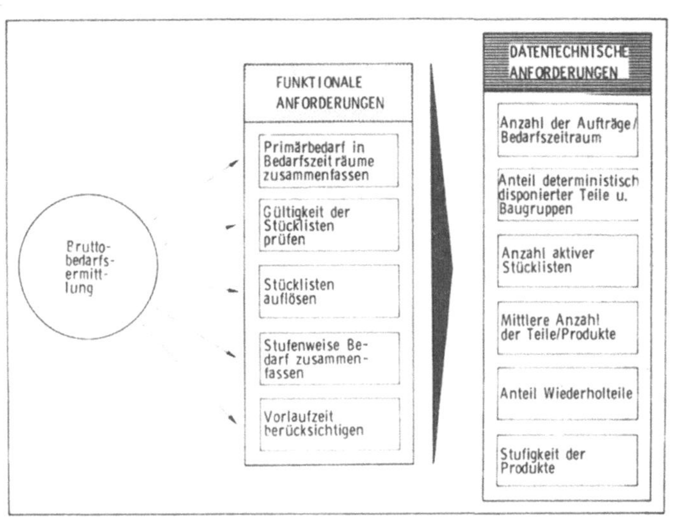

Bild 10: Funktionale und datentechnische Anforderungen
an die Bruttobedarfsermittlung

der Anzahl der Teile je Produkt charakterisiert wird. Auch
die Auflagehäufigkeit von Fertigungslosen wird sich auf die
Verfahrensauswahl auswirken. So ist zu erwarten, daß eine
hohe Auflagehäufigkeit aufgrund des Mehraufwandes auch vor-
wiegend mit ·EDV-Anwendung verbunden sein wird. Dieses Merkmal ist eng mit dem Fertigungstyp verknüpft, dessen Einfluß
bereits in vorhergehenden Aufgaben angesprochen wurde. Eine
lange Durchlaufzeit, wie sie z.B. bei einem kundenauftragsorientierten Einzel- und Kleinserienfertiger anzutreffen ist,
führt zu geringer Auflagehäufigkeit und läßt eher ein manuel-
les Verfahren erwarten.

5.1.5 Nettobedarfsermittlung

Diese Aufgabe wird neben rein aufgabenbezogenen datentechnischen Anforderungen insbesondere durch den Auftrags- und
Fertigungstyp in ihrer Ausführung bestimmt (Bild 11).

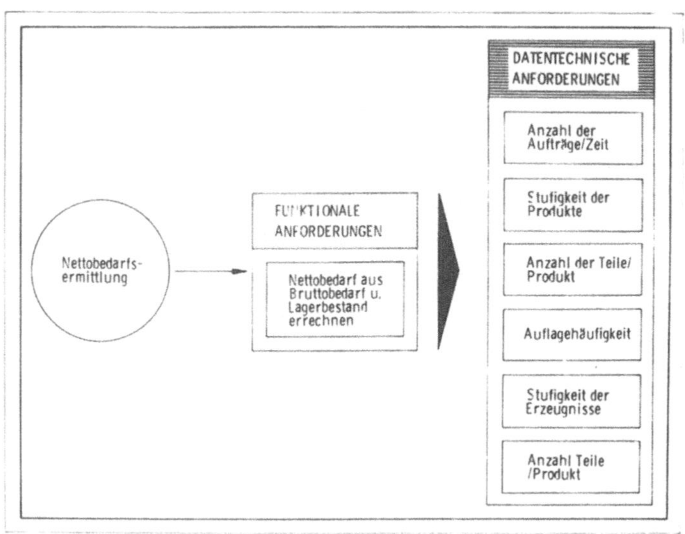

Bild 11: Funktionale und datentechnische Anforderungen
         an die Nettobedarfsermittlung

Während ein lagerorientierter Serienfertiger aufgrund seines
in der Regel hohen Anteils an Wiederholteilen eine umfangrei-
che Lagerhaltung vorsehen wird und deshalb einen Nettobedarf
errechnen muß, entspricht bei einem kundenauftragsorientierten
Einzelfertiger bei sehr vielen Teilen der Nettobedarf dem
Bruttobedarf. Letzteres ist dadurch begründet, daß die Teile
und Materialien kundenspezifisch zu beschaffen sind und für
diese deshalb eine Lagerhaltung unwirtschaftlich ist.

5.1.6 Bestellrechnung

Die je Zeitabschnitt zu erledigenden Bestellungen und Ferti-
gungsaufträge (Bestellungen an die eigene Fertigung) sowie
die Häufigkeit von Stornierungen bzw. Umterminierungen und
Mengenänderungen prägen den Datenverarbeitungsaufwand dieser
Aufgabe (Bild 12). Ein hoher Anteil an Wiederholteilen und
Varianten erschwert die Durchführung der Aufgabe zusätzlich,

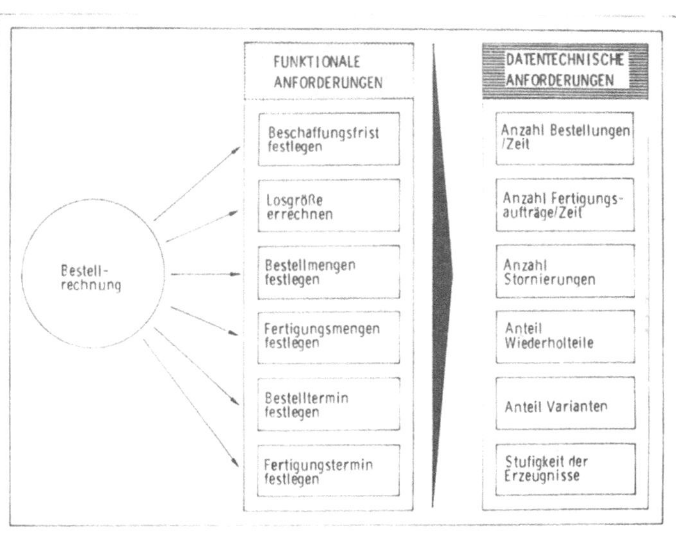

Bild 12: Funktionale und datentechnische Anforderungen
an die Bestellrechnung

da beim Festlegen der Bestellmengen und -termine Mehrfachver-
wendungen in anderen Erzeugnissen und Erzeugnisvarianten ebenfalls zu beachten sind. Besonders umfangreich wird dies, wenn
die Erzeugnisse tief gestuft sind und die fraglichen Teile auf
mehreren Stufen vorkommen. Bezüglich des Auftrags- und Fertigungstyps gelten dieselben Einflüsse wie bereits bei der Nettobedarfsermittlung erwähnt, d.h. daß ein kundenauftragsorientierter Einzelfertiger aufgrund fehlender Lagerhaltungsmöglich-
keiten den Bruttobedarf direkt als Bestellmenge übernimmt.

Die Anzahl der Bestellungen wird indirekt durch die Reichwei-
ten der Bestellmenge beeinflußt. Ein Maß hierfür ist die Lagerumschlagshäufigkeit, die das Verhältnis von Lagerumsatz zu
durchschnittlichem Lagerbestand zahlenmäßig ausdrückt. Eine
hohe Lagerumschlagshäufigkeit läßt demnach auf eine hohe Be-
stellhäufigkeit schließen.

5.1.7 Lagerhaltungspolitik

Diese Aufgabe legt die im Rahmen der Planungsphase zu ver-
wendenden Parameter und anzustrebenden Ziele fest (Bild 13).

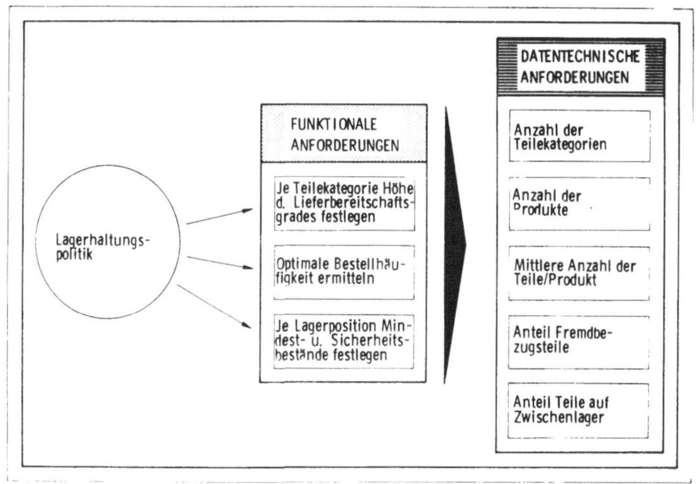

Bild 13: Funktionale und datentechnische Anforderungen
an die Lagerhaltungspolitik

Der Datenverarbeitungsaufwand resultiert aus der Anzahl der
Produkte, Teile und Teilekategorien, für die solches erfolgt.
Da die Vorgabe der Parameter und Ziele im Rahmen unternehme-
rischer Entscheidungen vorgenommen wird, lassen sich diese
Werte nicht direkt aus programmierbaren Abläufen ermitteln.
Das Hilfsmittel EDV kann hierfür nur entscheidungsrelevante
Informationen als Entscheidungsgrundlage zur Verfügung stellen.
Da die Parameter und Ziele längerfristig gelten, ist der Wie-
derholcharakter dieser Aufgabe wenig ausgeprägt. Aufgrund der
genannten Kriterien ist deshalb das Hilfsmittel EDV nur in
wenigen Fällen sinnvoll anwendbar.

Im Gegensatz zu den Aufgaben der Materialbewirtschaftung er-
langt bei den Aufgaben der Auftragsabwicklung das zur verarbeitende Datenvolumen eine noch größere Bedeutung. Während
bezüglich der Rechenregeln in der Materialbewirtschaftung die
Grundrechenarten vorherrschen, sind in der Auftragsabwicklung
oft kombinatorische Probleme zu lösen. Hierbei werden in Verbindung mit entsprechenden Datenmengen die Grenzen manueller
Hilfsmittel sehr schnell erreicht. Selbst mit Hilfe der elek-
tronischen Datenverarbeitung können aufgrund der zum Teil Stunden dauernden Planungsläufe die anstehenden Forderungen nach
größerer Datenaktualität bis heute wirtschaftlich sinnvoll
nicht in ausreichendem Maße erfüllt werden. Die Anforderungen
an die Aufgaben der Auftragsabwicklung werden im folgenden ermittelt.

5.1.8 Arbeitsplanorganisation

Wie bei der Stücklistenorganisation bestimmt auch hier die
Anzahl der zu verwaltenden, zu ändernden, zu löschenden und
neu zu erstellenden Arbeitspläne den Arbeitsumfang (Bild 14).
Von besonderer Bedeutung sind hierbei die Anzahl der aktiven,
d.h. für die Fertigung benötigten Arbeitspläne sowie die Anzahl der auf den Arbeitsplänen enthaltenen Arbeitsvorgänge.
Der Anteil der Wiederholteile wird die Anzahl der Arbeitspläne verringern, da ja je Teil nur ein Arbeitsplan erforderlich sein wird. Indirekt wird die Arbeitsplanorganisation
durch Auftrags-, Fertigungs- und Organisationstyp beeinflußt,
da durch sie der Wiederholcharakter ausgedrückt wird. Dieser
wiederum ist bei der Verfahrensauswahl mit entscheidend.

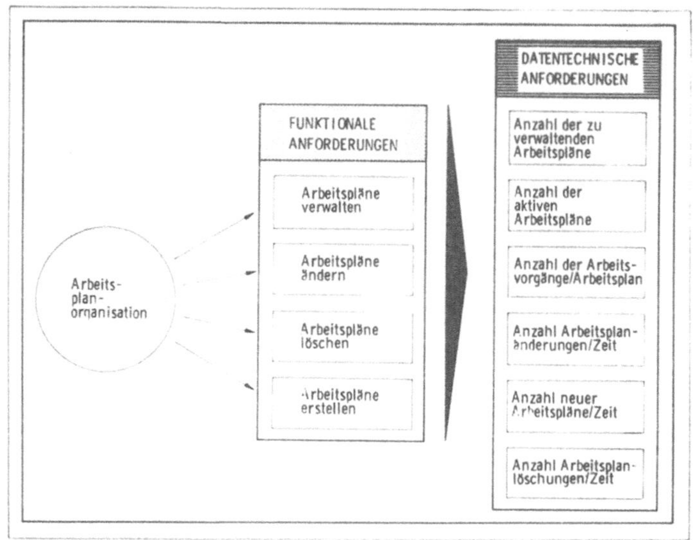

Bild 14: Funktionale und datentechnische Anforderungen
an die Arbeitsplanorganisation

5.1.9 Durchlaufterminierung

Wesentliche Merkmale zur Beschreibung des Datenverarbeitungsaufwands sind hier die Anzahl der Arbeitsplätze und die auf
diese je Zeiteinheit einzuplanenden Fertigungsaufträge (Bild 15).
Erschwert wird diese Einplanung, wenn über mehrere Produkt-
stufen hinweg Vorlaufzeiten für Teile und Baugruppen zu berücksichtigen sind. Weiterer Aufwand entsteht durch die Anzahl der
je Produkt zu berücksichtigenden Teile und durch die Anzahl der
Arbeitsvorgänge je Teil. Zusätzliche Einwirkungen auf die Ver-
fahrensanwendungen der Durchlaufterminierung sind indirekt durch
den Organisations-, Auftrags- und Fertigungstyp zu erwarten,
wobei die Durchlaufzeiten der Aufträge durch den Produktions-
bereich mit zu berücksichtigen sind. Bei Werkstattfertigung
ergibt sich für den Terminplaner aufgrund der Vielzahl zu be-
achtender alternativer Fertigungsmöglichkeiten ein umfangrei-
cheres Planungsproblem als bei Fertigung in Linie.

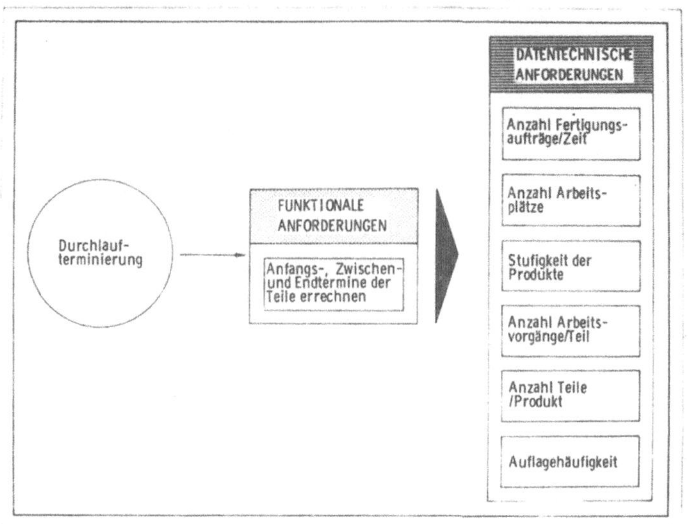

Bild 15: Funktionale und datentechnische Anforderungen
an die Durchlaufterminierung

5.1.1o Kapazitätsbelastungsübersicht

Hier treten bis auf die Anzahl der in die Übersicht einbezo-

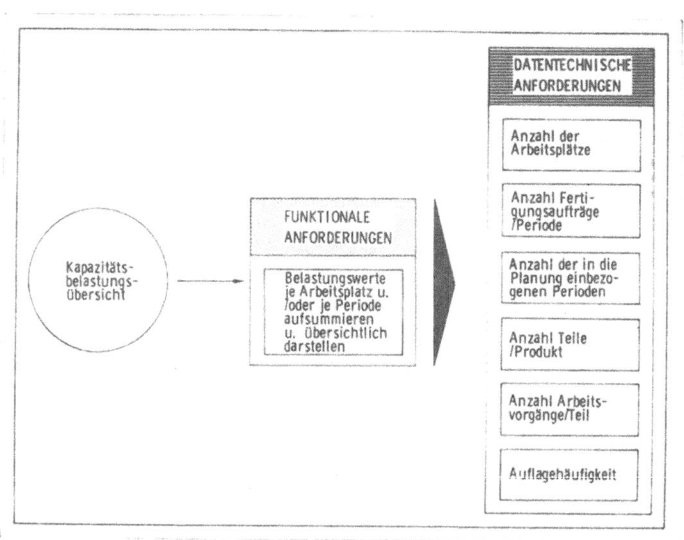

Bild 16: Funktionale und datentechnische Anforderungen
an die Kapazitätsbelastungsübersicht

genen Planungsperioden dieselben Aufwandsmerkmale auf wie in
der Durchlaufterminierung (Bild 16). Der Datenverarbeitungsaufwand wird hier jedoch zusätzlich erhöht, wenn die Be-
lastungswerte nicht nur je Arbeitsplatz sondern auch je Pla-
nungsperiode ermittelt werden müssen.

5.1.11 Kapazitätsabgleich

Während bei der Durchlaufterminierung und der Kapazitätsbelastungsübersicht die verfügbare Kapazität ohne Auswirkung
bleibt, ist dies beim Kapazitätsabgleich nicht gegeben
(Bild 17). Zwar gelten für die Durchführung des Abgleichs
zunächst gleiche datentechnische Kriterien wie bei den beiden
oben genannten Aufgaben, jedoch schreibt der Kapazitätsabgleich
als Steuerungsgrundlage einen Sollablauf vor, der von einer gegebenen Kapazitätssituation ausgeht. Veränderungen der Kapazitätssituation verändern somit auch die Ergebnisse des Abgleichs.

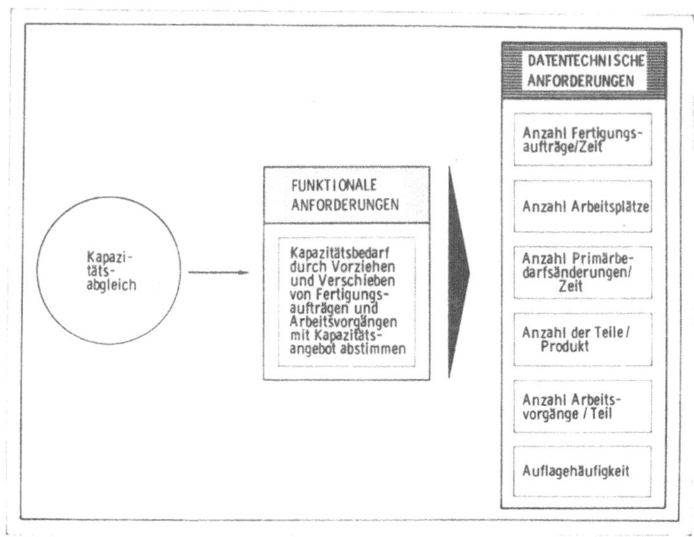

Bild 17: Funktionale und datentechnische Anforderungen
an den Kapazitätsabgleich

Um die Ergebnisse des Kapazitätsabgleichs weiter als Steuerungsgrundlage verwenden zu können, muß diesen Veränderungen deshalb
im Rahmen neuer Planungen Rechnung getragen werden. Unter den
sonstigen Einflußgrößen ist besonders die Vorfertigung von Teilen auf Zwischenlager von Bedeutung. Mit einer derartigen Zwi-
schenlagerung können Kapazitätsengpässe abgebaut, Kapazitäts-
lücken geschlossen und Lieferzeiten verringert werden. Ein der-
artiges Zwischenlager trägt somit zu einer "Beruhigung" der Planung bei.

5.1.12 Reihenfolgeplanung

Diese unmittelbar dem Fertigungsbeginn vorgelagerte Aufgabe
wird hinsichtlich der datentechnischen Anforderungen besonders
geprägt durch die Anzahl der vor jedem Arbeitsplatz wartenden
Aufträge sowie die Anzahl der in die Planung einzubeziehenden
Arbeitsplätze (Bild 18). Auch Änderungen des Primärbedarfs und
der Kapazitätssituation machen Neu- bzw. Umplanungen erforderlich.

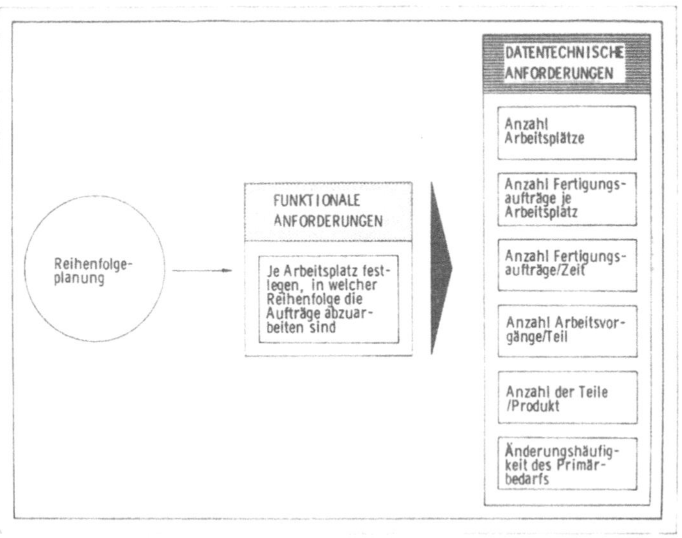

Bild 18: Funktionale und datentechnische Anforderungen
an die Reihenfolgeplanung

5.2   EMPIRISCHE ERHEBUNG DER MERKMALE UND VERFAHREN

5.2.1 <u>Auswahl des Untersuchungsfeldes und der Erhebungs-
       methode</u>

Als Untersuchungsfeld wurde die Maschinenbaubranche in der
Bundesrepublik Deutschland ausgewählt. Ausschlaggebend hierfür
waren

- die hier gegebene Heterogenität der Betriebsstruk-
  turen, die die notwendige Streuung der Anforderungen
  und Lösungen erwarten ließ·
- die Tatsache, daß der Maschinenbau der umsatz-
  stärkste Zweig innerhalb der Fertigungsindustrie
  ist /27/
- die Zugänglichkeit des Datenmaterials durch Unterstützung des Vereins Deutscher Maschinenbau-Anstalten

Die für die Entwicklung einer Typologie erforderliche Erhebungs-
breite und der starke Detaillierungsgrad der Merkmale schlossen
aus Aufwandsgründen eine Einzelbefragung durch Interviews aus.
Die Erhebung des empirischen Datenmaterials erfolgte deshalb
mittels Fragebogen.
Grundlage für die statistische Absicherung der Erhebung waren
die im VDMA organisierten ca. 3 ooo Betriebe. Um zu einer Gewichtung der Betriebsgrößenklassen im Hinblick auf ihre Bedeutung innerhalb des Maschinenbaus zu kommen, wurde unter
Berücksichtigung der Größen "Anteil der Betriebe" und "Anteil
am Umsatz" ein Gewichtungsfaktor ermittelt /28/. Bild 19
zeigt auf der linken Seite "Unternehmenscharakteristik",
wieviel Betriebe der insgesamt 3 ooo im VDMA organisierten
Betriebe der jeweiligen Betriebsgrößenklasse zugehören. Zusätzlich ist der anteilige Umsatz dargestellt, d.h. der Pro-
zentsatz des Umsatzes je Beschäftigen-Größenklasse am Gesamt-
umsatz des Maschinenbaus.

Auf der rechten Seite des Bildes werden Angaben über die Anzahl der verschiedenen Fragebogen, die Anzahl der Rückläufer
und die Gewichtung je Beschäftigten-Größenklasse gemacht.

Wegen der unterschiedlichen Zusammensetzung der Maschinenbau-

Unternehmen im Hinblick auf die Anzahl der Beschäftigten, den
Umsatz und die Zugehörigkeit zu speziellen Fachzweigen wurde
eine geschichtete Stichprobenauswahl vorgenommen. Dabei wurden
Betriebe mit weniger als 1oo Beschäftigten nicht berücksichtigt,
da erfahrungsgemäß die Organisation derartiger Betriebe weniger
stark strukturiert ist. Die Rücklaufquote bei der Erhebung betrug ca. 35% (174 Firmen) und ist, verglichen mit anderen Untersuchungen, als sehr hoch anzusehen. Die Abweichung der
Stichprobenwerte von den entsprechenden Werten der Grundge-
samtheit beträgt, wenn alle Angaben der 174 Firmen verwendbar
sind, max. ± 8,5%, wobei von einer statistischen Wahrscheinlichkeit von 95% auszugehen ist.

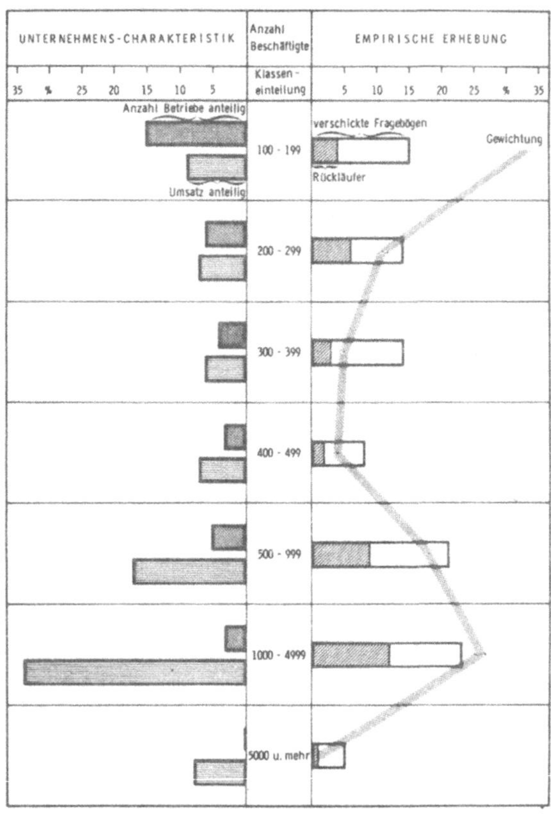

Bild 19: Statistische Verteilung der in die
Erhebung einbezogenen Unternehmen /28/

5.2.2 <u>Anwendungsformen und Einsatzhäufigkeit von
       Fertigungssteuerungsverfahren in Unternehmen
       des Maschinenbaus</u>

Die Kenntnis der Anwendungsformen der hier betrachteten Verfahrenskomponenten ist aus folgenden Gründen bedeutsam. Zum
einen gibt sie dem Betriebspraktiker einen generellen Überblick über Einsatzhäufigkeiten und mögliche Anwendungsformen
und unterstützt somit neben sachlogischen Überlegungen nicht
unwesentlich die spätere Auswahl. Zum anderen zeigt die Darstellung der Einsatzhäufigkeiten und Anwendungsformen die
praxisbezogene Bedeutung der in dieser Arbeit betrachteten
Verfahrenskomponenten für den Bereich der Fertigungssteuerung
auf.

Die in 4.2 diskutierten Verfahren sind in den einzelnen Aufgaben der Fertigungssteuerung in unterschiedlicher Weise eingesetzt. So zeigt Bild 2o am Beispiel der Verfahrenskomponente
"Hilfsmittel", daß die Aufgaben eine unterschiedliche EDV-
Durchdringung aufweisen. Überdurchschnittlich oft wird die

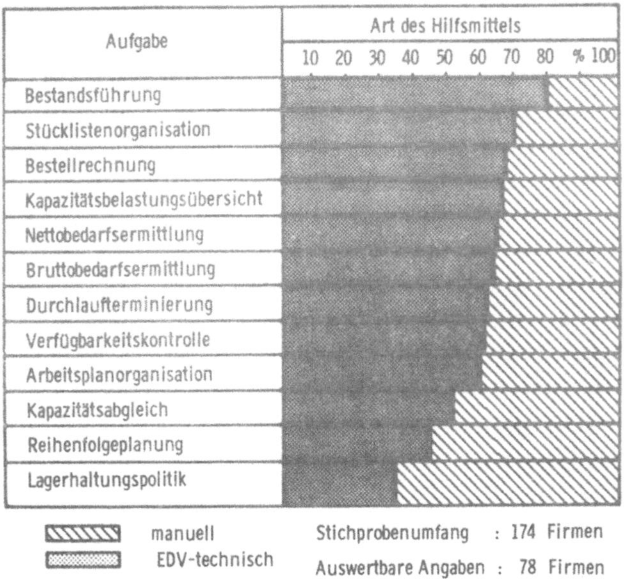

Bild 20: Einsatzhäufigkeit der Hilfsmittel

Bestandsführung EDV-unterstützt durchgeführt. Ursache hierfür sind die grundsätzlich gegebene Automatisierungsfähigkeit verbunden mit einem großen Volumen an Grund- und Bewegungsdaten. Zusätzlich begünstigt wird der EDV-Einsatz hier durch relativ einfache Verarbeitungsalgorithmen und die Möglichkeit, die Bestandsführung losgelöst und unabhängig von anderen Aufgaben der Fertigungssteuerung EDV-unterstützt durchzuführen.

Bei den Aufgaben der Auftragsabwicklung geht der Einsatz EDV-technischer Hilfsmittel im Vergleich zu anderen Aufgaben der Fertigungssteuerung etwas zurück, da hier das in der Regel hohe Datenverarbeitungsvolumen in Verbindung mit komplizierten Verarbeitungsalgorithmen zu Verarbeitungszeiten führt, die selbst mit den heute verfügbaren EDV-technischen Hilfsmitteln oft zu unwirtschaftlich sind.

Für den geringen EDV-Einsatz bei der Lagerhaltungspolitik sind dagegen andere Gründe anzugeben. Hier rechtfertigen in der Regel weder Daten- noch Verarbeitungsintensität eine EDV-technische Unterstützung.

Einen Überblick über die Durchführungshäufigkeit der einzelnen Fertigungssteuerungsaufgaben gibt Bild 21. Die starke Streuung innerhalb der Aufgaben zeigt die unterschiedlichen Anforderungen der Betriebe an die Datenaktualität, die ihren wesentlichen Hintergrund in der betriebstypischen Änderungsintensität der Daten haben. Hierfür wiederum sind Einflüsse maßgebend, die im Rahmen der Aufgabenanalyse (Kap. 5.1) bereits angesprochen wurden. Vergleicht man die Durchführungshäufigkeiten manueller und EDV-unterstützter Aufgaben, so erkennt man bei den Aufgaben der Auftragsabwicklung sehr große Übereinstimmungen. In beiden Fällen überwiegt der wöchentliche Rhythmus. Einzige Ausnahme ist die Arbeitsplanorganisation, die in manuellen Systemen häufiger täglich oder bedarfsweise, in EDV-unterstützten täglich bis wöchentlich durchgeführt wird. Die Aufgaben der Materialbewirtschaftung unterscheiden sich etwas deutlicher bezüglich der Durchführungshäufigkeit. So wird bei manueller Fertigungssteuerung der Bedarf täglich und/oder monatlich ermittelt, während bei EDV-unterstützter Bedarfsermittlung der zweiwöchentliche Rhythmus im Vordergrund steht.

	manuell								EDV-unterstützt							
	b	t	w	2w	m	3m	6m	j	b	t	w	2w	m	3m	6m	j
Stücklistenorganisation	■	■	■						◪	■	■	□	□			
Bestandsführung		■			□				□	■	■	◪	■			□
Verfügbarkeitskontrolle	■	■	■	◪						■	■	◪	◪	□		
Bruttobedarfsermittlung	◪	■			■	◪	◪		□		◪	■	■	□	□	
Nettobedarfsermittlung		■	◪		■						◪	■	◪	□		
Bestellrechnung	□		■		◪				□	□	◪	■	◪	□		
Lagerhaltungspolitik	◪				□	■		□	◪	◪	■	◪	■	■		
Arbeitsplanorganisation	■	■	◪						□	■	■	□	□	□		
Durchlaufterminierung	□	◪	■		□		□		□	□	■	□	□			
Kapazitätsbelastungsübersicht	◪	◪	■		■	◪	◪		□		■	◪	◪	□	□	
Kapazitätsabgleich	◪	□	■	□	◪	□			□		■	□	□		□	
Reihenfolgeplanung	◪	◪	■							□	■					

b = bedarfsweise   m = monatlich   ■ = häufig
t = täglich   3m = vierteljährlich   ◪ = weniger häufig
w = wöchentlich   6m = halbjährlich   □ = selten
2w = 14-tägig   j = jährlich

Bild 21: Durchführungshäufigkeit von Aufgaben der
Fertigungssteuerung

5.2.3 Überprüfung der Zusammenhänge zwischen Merkmalen und Verfahren

In 5.1 wurden im Rahmen einer sachlogischen Analyse verfahrensrelevante Betriebsmerkmale ermittelt. Da die Qualität und An-
wendbarkeit der zu entwickelnden Betriebstypologie in gleichem
Maße von der sachlichen wie der praktischen Relevanz der zur
Typbildung verwendeten betrieblichen Merkmale abhängt, soll
anhand des in Kap. 5.2 erhobenen Datenmaterials die praktische
Bedeutung der in 5.1 ermittelten Merkmale für die unterschiedliche Verfahrensanwendung untersucht werden. Einen ersten Hinweis darauf, daß solche Unterschiede in den Strukturmerkmalen
existieren, gibt der Mittelwertvergleich der in Bild 22 wieder-
gegebenen betrieblichen Merkmale. Die Gegenüberstellung zeigt
Betriebe o h n e und m i t EDV-Einsatz. Hierbei wird deutlich, daß insbesondere größere Betriebe mit einem hohen Anteil
an Produkten mit Varianten und einer im Vergleich zu Betrieben

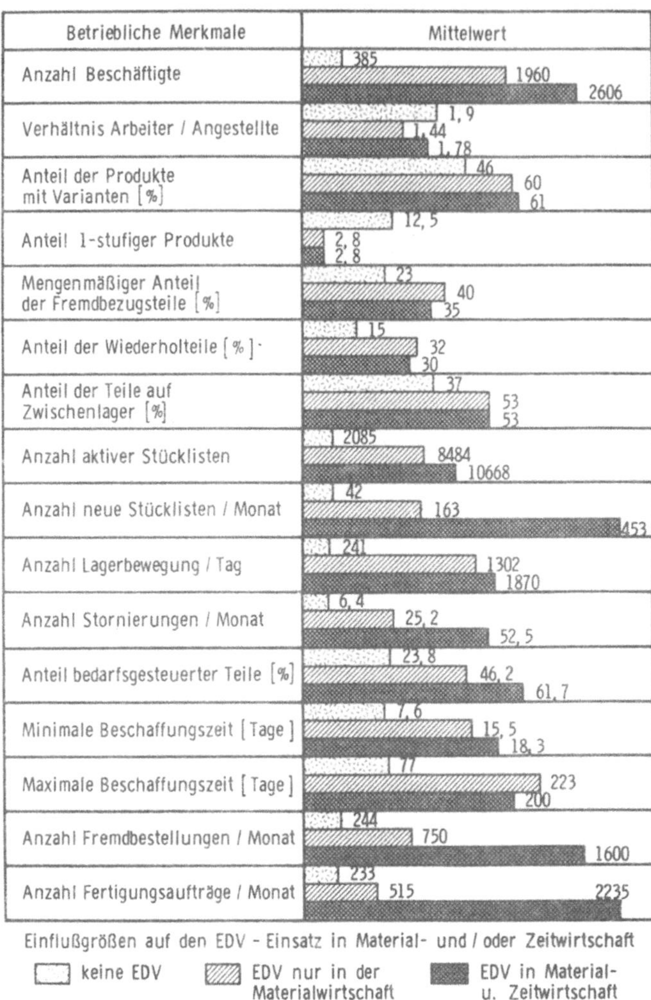

Bild 22: Vergleich der Merkmale von Betrieben mit
und ohne EDV-Anwendung

ohne EDV etwa viermal so großen Anzahl an zu verbuchenden
Lagerbewegungen EDV einsetzen. Neben diesen besonders hervor-
stechenden Unterschieden ist auch das übrige Datenvolumen bei
den EDV-Anwendern zwei- bis viermal so groß wie bei Betrieben

ohne EDV. Darüber hinaus bedingen die wesentlich längeren Beschaffungszeiten eine EDV-unterstützte Beschaffungsorganisation, um die Bedarfsermittlung, Bestandsführung und Bestellrechnung rationeller durchführen zu können.

Um diese keinesfalls umfassenden Ergebnisse des Mittelwertvergleichs zu erweitern und statistisch zu untermauern, werden die in 5.1 ermittelten betrieblichen Merkmale mit Hilfe der Diskriminanzanalyse eingehender untersucht. Diese Methode aus dem Bereich der multivariaten Datenanalyse ist darauf ausgerichtet, für Gruppen, z.B. von Betrieben, die durch ein sog. Außenkriterium gekennzeichnet sind (hier: die Art des eingesetzten Verfahrens), diejenigen Merkmale zu ermitteln, hinsichtlich derer sich die Gruppen am stärksten unterscheiden. Darüber hinaus bietet die Diskriminanzanalyse die Möglichkeit, die Betriebe allein aufgrund der Ausprägung der ermittelten Unterscheidungsmerkmale wieder in Gruppen einzuordnen. Der Vergleich von tatsächlicher Gruppenzugehörigkeit und der allein aufgrund der Merkmale zugeordneten Gruppenzugehörigkeit gibt dann Aufschluß über die Trennschärfe der Merkmale. Damit lassen sich mit diesem Verfahren je Fertigungssteuerungsaufgabe die Unterschiede in den Ausprägungen der Strukturmerkmale feststellen und hinsichtlich ihrer Trennqualität bewerten.

In dieser Arbeit wurde zur Durchführung der angesprochenen Diskriminanzanalyse das Programmsystem SPSS /29/ verwendet, das die lineare Diskriminanzanalyse nach Fisher /30/ enthält. Hierzu war es notwendig, die in Kap. 5.1 ermittelten Merkmale in EDV-mäßig verarbeitbare Kurzbezeichnungen umzusetzen, wie sie in Bild 23 verwendet sind. Bild 23 zeigt am Beispiel der Aufgabe "Durchlaufterminierung", daß sich hier mit 23 Merkmalen bereits 95% der Betriebe wieder der richtigen Verfahrensgruppe zuordnen lassen. Als Hauptkriterium für den EDV-Einsatz in der Durchlaufterminierung ist eindeutig das Merkmal "Durchlaufzeit der Erzeugnisse durch die Fertigung" erkennbar. Dies zeigt sich zum einen daran, daß dieses Kriterium an die erste Stelle gerückt wurde. Darüber hinaus bestätigen dies F-Wert, Zuwachs bei RAOsV und die Signifikanz. Der partielle multivariate F-Wert wird für jedes Merkmal ermittelt. Er ist ein Maß für die "Trennkraft" eines Merkmals und gibt an, in welchem Verhältnis die Unähnlich-

- 58 -

keit z w i s c h e n den Gruppen zur Ähnlichkeit i n n e r -
h a l b einer Gruppe steht. Ein großer F-Wert bedeutet demnach, daß die Gruppen bezüglich dieses Merkmals untereinander
sehr unähnlich, in sich aber sehr ähnlich sind.

LFD. NR.	STRUKTURMERKMALE	KURZZEICHEN	F-WERT	ZUWACHS BEI RAOS V	SIGNI-FIKANZ	ERREICHBARE ZUORDNUNGS-QUALITÄT
1	Durchlaufzeit der Erzeugnisse Fertigung	DLZFERT	19.10	19.10	.000	
2	Anzahl Beschäftigte	ALLG18	9.34	12.07	.001	80%
3	Unternehmensart	ALLG01	5.22	7.76	.005	
4	Anteil der Teile mit erhöhter Ausschußgefahr	ALLG17	5.46	8.88	.003	
5	Anzahl unterschiedlicher Produkte	ALLG20	4.44	7.93	.005	
6	Mittlere Anzahl der Teile pro Produkt	MTZAHL	4.96	9.60	.002	
7	Endmontage in Linie	EMONTLIN	3.28	6.95	.008	90%
8	Zahl Stücklistenänderungen / Monat	STL03	3.72	8.42	.004	
9	Baugruppenmontage in Linie	BMONTLIN	3.64	8.85	.003	
10	Auflagehäufigkeit Mittelserie	FTYP12	2.70	7.07	.008	
11	Anzahl aktiver Stücklisten	STL02	2.27	6.31	.012	
12	Anzahl Lagerbewegungen/ Tag	BFG07	2.75	8.08	.004	
13	Qualitätsanforderungen an Form	ALLG13	2.61	8.16	.004	
14	Anteil Mittelserie	FTYP10	2.10	6.97	.008	
15	Anteil Varianten	FERT11	2.07	7.27	.007	
16	Anzahl Teilestammsätze	DISP02	1.96	7.28	.007	95%
17	Anteil Großserie	FTYP13	1.62	6.32	.012	
18	Mittlere Losgröße	MLOSGR	1.98	8.14	.004	
19	Nachfrageverlauf saisonal	VHS15	2.37	10.28	.001	
20	Anteil fremdbezogene Teile mengenmäßig	FERT37	3.64	16.83	.000	
21	Anzahl Ersatzteile	ALLG21	.71	3.76	.052	
22	Anteil der vielstufigen Erzeugnisse	VSTUF	.74	4.01	.045	
23	Umsatz / Jahr	ALLG19	1.64	9.25	.002	
24	Änderungshäufigkeit des Primärbedarfs	ERM21	.97	5.81	.016	
25	Anteil Teilefertigung auf Zwischenlager	DISP01	.70	4.36	.037	
26	Durchlaufzeit der Erzeugnisse Gesamt	DLZ	.68	4.42	.035	
27	Anzahl Arbeitsvorgänge / Teil	FERT53	.62	4.19	.041	
28	Nachfrageverlauf sporadisch	VHS16	.33	2.42	.119	
29	Auflagehäufigkeit Großserie	FTYP15	.24	1.84	.174	
30	Zahl neuer Stücklisten / Monat	STL04	.27	2.13	.144	
31	Kundenwünsche während der Fertigung	KWFERT	.21	1.68	.194	
32	Auflagehäufigkeit wiederholte Einzelfertigung	FTYP03	.16	1.38	.239	
33	Teilefertigung in Linie	EFERTLIN	.18	1.55	.213	
34	Nachfrageverlauf progressiv	VHS14	.33	2.90	.088	
35	Qualitätsanforderungen an Funktion	ALLG15	.20	1.87	.171	
36	Anteil Kleinstserie	FTYP04	.24	2.29	.130	
37	Anteil Wiederholteile	FERT54	.13	1.32	.250	
38	Nachfrageverlauf schwankend	VHS12	.11	1.19	.274	
39	Anteil Fertigung auf Lager	FERT19	.06	.69	.404	
40	Anteil Kleinserie	FTYP07	.25	2.68	.101	
41	Nachfrageverlauf linear	VHS13	.06	.74	.388	
42	Anteil ungeplanter Lagerentnahmen	BFG15	.06	.75	.384	
43	Anteil Einzelfertigung	FTYP01	.08	.95	.328	
44	Anteil wiederholte Einzelfertigung	FTYP02	.13	1.70	.191	
45	Organisationseinheit	ALLG02	.01	.20	.651	
46	Qualitätsanforderungen an Werkstoff	ALLG14	.02	.27	.597	
47	Anteil fremdbezogene Teile wertmäßig	FERT38	.02	.34	.560	

Bild 23: Rangfolge der Einflußgrößen auf die Verfahrensanwendung bei der Durchlaufterminierung

RAOsV ist ein Maß für den Abstand der Gruppenmitten /31/. Der
Zuwachs bei RAOsV gibt an, in welchem Maß der euklidische Abstand der Gruppenmitten zunimmt, wenn das betreffende Merkmal
in die Diskriminanzanalyse einbezogen wird. Der Signifikanzwert
besagt dabei, mit welcher Wahrscheinlichkeit dieser Abstandszu-
wachs rein zufällig ist. So führen bei der Durchlauftermini-
rung die ersten 27 Merkmale mit einer statistischen Sicherheit
von mehr als 95% zu einer nicht zufälligen Vergrößerung der

Abstände der Gruppenmitten.

Mit Hilfe dieser Diskriminanzanalyse wurden für jede betrachtete Aufgabe die verfahrensbezogenen Einflußgrößen ermittelt.

In einer Übersicht zeigt Bild 24, welche Merkmale je Aufgabe
als Trennmerkmale ermittelt wurden. Hierbei sind nur diejenigen berücksichtigt, die je Aufgabe zu einer Zuordnungsqualität
von bis zu 95% beitragen. Aufgrund der Reihenfolge ihrer Auswahl

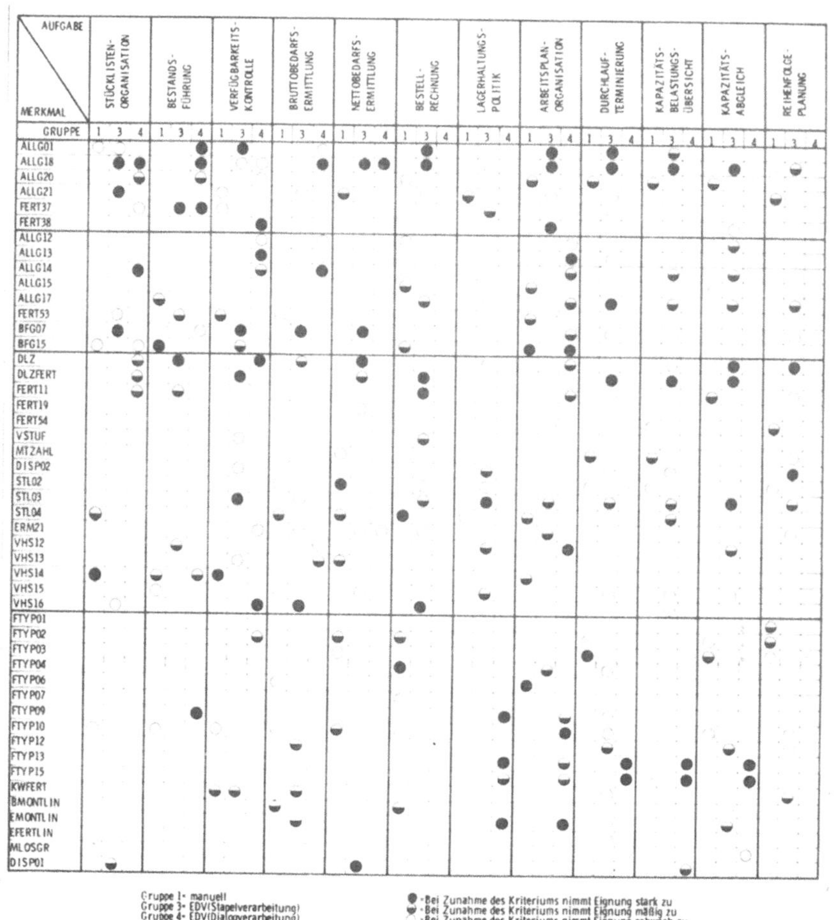

Bild 24: Überblick über die ermittelten Trennmerkmale

im Rahmen der Diskriminanzanalyse werden Merkmale mit starkem,
mäßigem und schwachem Trennvermögen unterschieden. Als Merkmale
mit starkem Trennvermögen gelten hier diejenigen, die zuerst
ausgewählt wurden und mit denen sich eine Zuordnungsqualität
von bis zu 8o% erreichen läßt. Mäßige Trennkraft besitzen diejenigen Größen, mit denen die Zuordnungsqualität auf 9o% erhöht
werden kann. Bezieht man auch die schwach trennenden Merkmale
mit ein, so läßt sich schließlich die Zuordnungsqualität noch
auf 94% und darüber steigern.

6   E N T W I C K L U N G   V O N   B E T R I E B S T Y P E N

6.1   DIE ÄHNLICHKEIT VON BETRIEBEN

Die zu entwickelnde Betriebstypologie geht sowohl hinsichtlich
Anzahl und Detaillierung der Typisierungsmerkmale als auch in
dem Ziel, die Vergleichbarkeit der Betriebe quantitativ zu
formulieren ganz wesentlich über die unter 2.2 dargestellten
partiellen Ansätze auf diesem Gebiet hinaus. Da dort bereits
die Anwendungsgrenzen manueller Typisierungsmöglichkeiten
deutlich erkennbar waren, wird im Hinblick auf die hier genannten Ziele auf eine Weiterentwicklung manueller Ansätze
grundsätzlich verzichtet. Vielmehr wird versucht, ein Verfahren zu finden, das es erlaubt, mit Unterstützung der elek-
tronischen Datenverarbeitung die Ähnlichkeit oder Unähnlich-
keitvon Betrieben quantitativ darzustellen und als ausreichend
ähnlich erkannte Betriebe zu Betriebstypen zusammenzufassen.

Die Ähnlichkeit oder Unähnlichkeit ist hierbei ausschließlich
im Hinblick auf den Vergleichszweck - die Verfahrensauswahl
im Fertigungssteuerungsbereich - zu sehen. Dies bedeutet, daß
unter diesem Gesichtspunkt zwei oder mehrere Betriebe dann
einander ähnlich sind, wenn sie bezüglich der verfahrensrelevanten Merkmale möglichst weitgehend übereinstimmen. Stimmen
sie völlig überein, so sind sie für den hier genannten Zweck
als gleich anzusehen.

Die Quantifizierung der Ähnlichkeit kann somit über die Betrachtung der Differenzen der betrachteten Merkmale bzw. den
Abstand zwischen den betrachteten Betrieben erfolgen. Ist
dieser Abstand gleich Null, dann sind die Betriebe gleich.

Je größer er wird, umso unähnlicher werden sich die Betriebe.
Formuliert man diesen Tatbestand mathematisch, so können zwei
Betriebe als Punkte P und Q in einem metrischen Raum angesehen
werden, die durch zwei Merkmalswerte-Vektoren

$$X_P = (X_{1P}, X_{2P}, \ldots X_{mP}) ,$$
$$X_Q = (X_{1Q}, X_{2Q}, \ldots X_{mP})$$

im m-dimensionalen Merkmalsraum darstellbar sind. Dabei gilt:

$$X_P = \text{Merkmalswert-Vektor des Objektes P} ,$$
$$X_Q = \text{Merkmalswert-Vektor des Objektes Q} ,$$
$$X_{iP} = \text{Wert des i-ten Merkmals des Objekts P} ,$$
$$X_{iQ} = \text{Wert des i-ten Merkmals des Objekts Q} .$$

Bildet man in einem m-dimensionalen Merkmalsraum auf diese
Weise alle Betriebe ab, so sind diejenigen Betriebe am ähnlichsten, die den geringsten Abstand voneinander haben. Typen sind
dann "Punkthaufen" im Merkmalsraum /32/.

Da die zu einem Punkthaufen gehörigen Punkte untereinander
einen geringeren Abstand haben, als zu Punkten anderer Punkthaufen, können die Abstände zwischen zwei Punkten mit einem
Abstandsmaß gemessen und diese Meßwerte als Meßgrößen für den
Grad der Ähnlichkeit bzw. Unähnlichkeit aufgefaßt werden. Die
Homogenität der Punkthaufen kann über den mittleren Abstand
zwischen den Punkten einer Punktreihe dargestellt werden. Unter
der Annahme, daß die Punkte einen metrischen Raum bilden, in
dem die Dreiecksungleichung gilt /33/, läßt sich der Abstand
zwischen den Objekten P und Q als euklidischer Abstand be-
rechnen zu:

$$d_{PQ} = \left[\sum_{i=1}^{m} (X_{iP} - X_{iQ})^2 \right]^{\frac{1}{2}} .$$

Dabei ist

d_{PQ} = euklidischer Abstand zwischen den Objekten P und Q

x_{iP} = Wert des i-ten Merkmals des Objekts P

x_{iQ} = Wert des i-ten Merkmals des Objekts Q

6.2 AUFBEREITUNG DES DATENMATERIALS

Mit der euklidischen Distanz ist die grundsätzliche Möglichkeit
geschaffen, die Ähnlichkeit von Betrieben quantitativ zu formulieren. Allerdings kann die Berechnung der euklidischen Distanzen bei korrelierenden Variablen zu einer internen Gewichtung
führen, wobei dann stärker korrelierte Merkmale ein größeres
Gewicht besitzen als weniger stark korrelierte. Hinzu kommt,
daß der euklidische Abstand auch noch von Maßeinheiten und
Variabilität der Klassifikationsmerkmale beeinflußbar ist. Um
diese genannten Einflüsse auszuschalten, muß deshalb das Datenmaterial in geeigneter Weise vorverarbeitet werden. Dies erfolgt
durch eine der eigentlichen Typenbildung vorgeschaltete Hauptkomponentenanalyse, der wiederum eine z-Transformation der Merkmale vorausgeht /32/.

Über diese z-Transformation wird eine Standardisierung der
Variablen hinsichtlich Maßeinheit und Variabilität bewirkt.
Mit Hilfe der Hauptkomponentenanalyse wird eine mögliche interne Gewichtung ausgeschlossen. Hiermit sind die Voraussetzungen geschaffen, das Prinzip der euklidischen Distanz bei der
Typenbildung zu verwenden. Um auszuschließen, daß während der
Hauptkomponentenanalyse bei der Vertikalprojektion vom ursprüng-
lichen Merkmalsraum auf den von den Hauptkomponenten aufgespann-
ten Unterraum die Merkmalswerte eines Punkthaufens (im folgenden als Klasse bezeichnet) zusammenfallen (Bild 25) sind folgende Bedingungen zu erfüllen:

1. Zur Klassenbildung müssen mehr Merkmale verwendet werden,
   als am Ende der Analyse Klassen erwartet werden.

2. Die Anzahl der Hauptkomponenten darf einen oberen Grenzwert
   r nicht übersteigen.

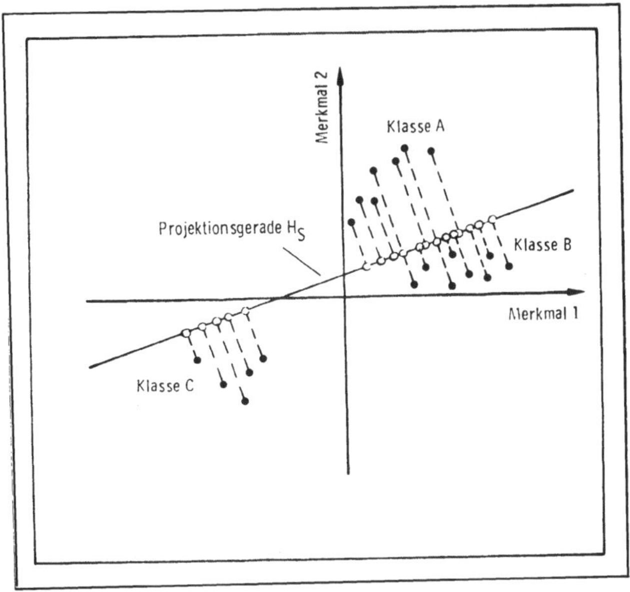

Bild 25: Überlagerung von Klassen bei der
Hauptkomponentenanalyse

Während die Erfüllung der Bedingung 1 aufgrund der Anzahl der
Merkmale erwartet werden kann, muß der Grenzwert r aus der
Höhe der Eigenwerte bei der Hauptkomponentenanalyse ermittelt
werden. Nach /34/ wählt man für r die kleinste Zahl, für welche die m,r-Eigenwerte als konstant angesehen werden können.
Aus dem in Bild 26 dargestellten Eigenwertverlauf der Hauptkomponenten kann zunächst der Wert r nicht eindeutig ermittelt
werden, da kein Übergang zu einem konstanten Verlauf erkennbar
ist. Aufgrund des Kaiser-Kriteriums /35/ sowie der Empfehlung
von /36/ kann jedoch die Zahl eindeutig auf 2o festgelegt werden. Das Kaiser-Kriterium besagt, nur so viele Hauptkomponenten
zu verwenden, als es Faktoren mit Eigenwerten größer als 1 gibt,
aber nicht mehr als die Hälfte der Variablenanzahl. Dies ergibt
im vorliegenden Fall 19 Hauptkomponenten. Eine Faktorenzahl von
10 oder einem Vielfachen davon empfiehlt /36/. Somit liegt
der Schluß nahe, 2o Faktoren als bestgeeignete Anzahl der Haupt-

komponenten auszuwählen, zumal der Eigenwert der Haupt-
komponente 2o mit dem Wert o,98 nur wenig unter dem von
Kaiser vorgegebenen Grenzwert von 1,o liegt und der obere
Grenzwert nach /34/ nicht überschritten wird. Bild 26
zeigt sämtliche Hauptkomponenten mit den zugehörigen Eigenwerten und Varianzerklärungen. Für die gewählte Lösung mit
2o Faktoren ergibt sich die im Vergleich zu Ergebnissen von
/18, 36/ hohe Varianzerklärung von 77,94%.

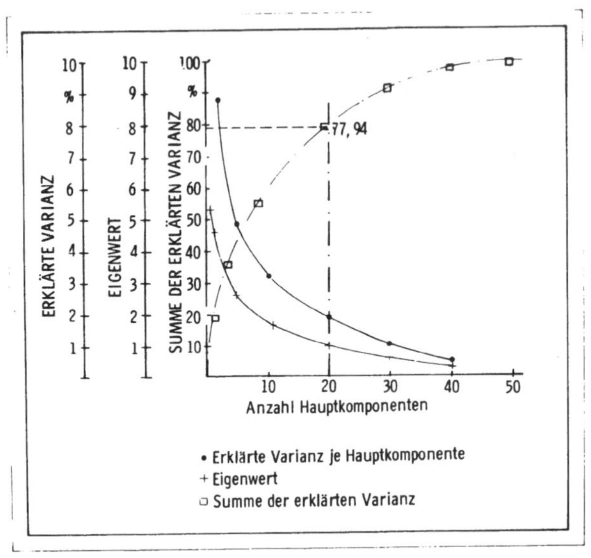

Bild 26: Varianz- und Eigenwertverlauf bei der
Hauptkomponentenanalyse

6.3 VERFAHREN ZUR BETRIEBSTYPENBILDUNG

Mit dem Prinzip der euklidischen Distanz wurde in Verbindung
mit einer entsprechenden Aufbereitung der Variablen die Möglichkeit geschaffen, die Ähnlichkeit von Betrieben quantitativ
zu formulieren. Dies allein reicht jedoch für die Typenbildung
nicht aus. Vielmehr ist hierfür ein Verfahren notwendig, das
die Gesamtheit der betrachteten Betriebe so unterteilt, daß
die gebildeten Typen in sich möglichst homogen und die Abstände
bzw. Unterschiede zu den anderen Typen möglichst groß sind.

Diese Typenbildung kann prinzipiell nach den in Bild 27 dargestellten Vorgehensweisen erfolgen.

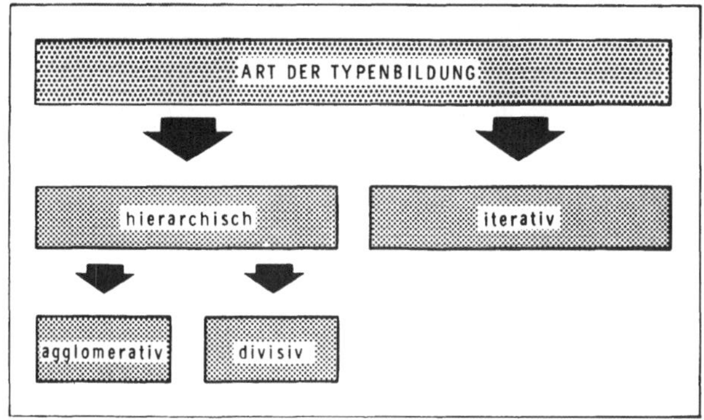

Bild 27: Vorgehensweisen zur Typenbildung

H i e r a r c h i s c h - a g g l o m e r a t i v e Verfahren
beginnen damit, daß alle Einzelelemente Klassen bilden. Schritt-
weise werden dann jeweils diejenigen beiden Klassen vereinigt,
die einander am ähnlichsten sind. Dies geschieht so lange, bis
nur noch eine Klasse vorhanden ist. Die Verfahren versuchen,
den hierarchischen Weg zwischen den Einzelelementen und der
Klassifikation zu optimieren.

D i v i s i v e Verfahren hingegen gehen davon aus, daß alle
Betriebe zunächst in einem einzigen Typ enthalten sind und
spalten diesen dann anhand eines Heterogenitätskriteriums in
zwei Typen auf, die dann auf der nächsten Divisionsstufe wiederum zerlegt werden.

Da divisive Verfahren im Vergleich zu agglomerativen Verfahren
wesentlich rechenzeitaufwendiger sind, wird auf eine weitere
Betrachtung dieser Verfahrensgattung verzichtet. Die Typbildung
durch Agglomeration erfolgt in den Schritten /32/:

(1) Ausgangslage: Jeder Betrieb bildet einen Typ

$$G := \{g_1, \ldots, g_n\} \, , \quad \text{wobei } g_i = \{e_i\} \, .$$

(2) Suche diejenigen Typen, die unter allen übrigen Typen den
kleinsten Abstand (= die größte Ähnlichkeit) besitzen, somit
die Typen

$$g_p \text{ und } g_q \text{ für die gilt, } d_{pq} = \min_{i \neq j} d_{ij} \, .$$

(3) Fusioniere die Typen g_p und g_q zum neuen Typ g_q^{neu}, wodurch
sich die Typenzahl um eins erniedrigt, $g_q^{neu} := g_p \cup g_q$.

(4) Ändere die q-te Zeile und Spalte der Abstandsmatrix, in dem
die Abstände zwischen dem neuen Typ g_q^{neu} und allen übrigen
Typen neu berechnet werden und lösche die p-te Zeile und Spalte.

(5) Beende nach n-1 Schritten, wenn also alle Typen zu einem
einzigen Typ zusammengefaßt sind, ansonsten fahre bei (2)
mit der geänderten Distanzmatrix fort.

Aufgrund der als Distanzmaß gewählten Euklidischen Distanz und
der Zielsetzung, die Betriebe so zu Typen zusammenzufassen, daß
die Ähnlichkeit innerhalb eines Typs maximiert wird, wird für
die in Schritt (4) durchzuführende Berechnung der Distanz des
neu gebildeten Typs zu den restlichen Typen folgende Formel
verwendet /32/:

$$d_{qi}^{neu} = \frac{n_p + n_i}{n + n_i} d_{pi} + \frac{n_q + n_i}{n + n_i} d_{qi} - \frac{n_i}{n + n_i} d_{pq} \, ,$$

d_{qi}^{neu} .....Abstand zwischen dem neu gebildeten Typ Q und den übrigen Typen ,

n .....Anzahl der Betriebe im Typ I ,

P,Q .....Typen.

Die Maximierung der Ähnlichkeit innerhalb eines Typs erfolgt, indem man die Typen vereinigt, die den geringsten Zuwachs an Varianz bewirken. In Verbindung mit dem Varianzkriterium

$$Z_1(G) = \sum_{l=1}^{k} \sum_{i \in g_l} \left\| X_i - \overline{X}_{g_l} \right\|^2 ,$$

Z ... Zielfunktion, wobei $Z_1(G) \rightarrow Min$,

X_i ... Meßwertvektor des i-ten Betriebes ,

$\overline{X}_{g_1}$ .. Typcentroid (Mittelwertvektor über alle Betriebe) im Typ g_1 , wobei $\overline{X}_{g_1} = \frac{1}{n} \sum_{i \in g_1} X_i$,

berechnet untenstehende Formel jeweils die Zuwächse des Varianzkriteriums neu. Die Distanzmatrix enthält also nicht die Distanzen zwischen Typen und Betrieben, sondern den jeweiligen Zuwachs an Heterogenität bei ihrer Verschmelzung. Dieser Zuwachs an Heterogenität wird auch als Fehlerquadratzuwachs bezeichnet. Für die Zusammenführung zweier Typen g_p und g_q berechnet er sich zu

$$\Delta Z_1(g_q^{neu}, g_i) = \frac{n \cdot n_i}{n + n_i} \left\| \overline{X}_{g_q}^{neu} - \overline{X}_{g_i} \right\|^2 ,$$

n ...Anzahl der Betriebe ,

n_i ...Anzahl der Betriebe im i-ten Typ ,

$\overline{X}_{g_q}^{neu}$ ...Neuer Typcentroid des Typs g_q .

Ein Wert für die Heterogenität a l l e r K l a s s e n auf einer Stufe ist die F e h l e r q u a d r a t s u m m e. Das ist die Summe aller Fehlerquadratzuwächse bis zu dieser Stufe.

Sie wird berechnet nach der Formel /33/:

$$Z_v = \sum_{v=1}^{n-1} \Delta Z_v$$

Z_v ...Fehlerquadratsumme des Gesamt-
systems über r Fusionsstufen
addiert

v ...Fusionsstufe

ΔZ_v ...Fehlerquadratzuwachs je Fusion

Dieses hierarchisch-agglomerative Verfahren neigt trotz seiner überwiegenden Vorteile dazu, eventuell vorhandene Ausreißer frühzeitig Typen zuzuordnen. Um diesen Nachteil auszuschalten, wird zunächst mit Hilfe zweier anderer Verfahren die dem Datenmaterial zugrundeliegende Datenstruktur untersucht. Gleichzeitig werden dabei auch eventuell vorhandene Ausreißer isoliert. Nach dieser Analyse muß bei fehlender Datenstruktur der Versuch der Typenbildung abgebrochen werden. Bei vorhandener Struktur dagegen kann das oben beschriebene Verfahren nach Trennung der Ausreißer ohne weitere Einschränkung angewandt werden.
Im Anschluß an diese hierarchische Typisierung werden die hierbei gewonnenen Ergebnisse mit Hilfe eines iterativen Verfahrens auf noch bestehende Verbesserungsmöglichkeiten hin untersucht.
I t e r a t i v e   V e r f a h r e n   versuchen, durch Optimierung der Homogenität innerhalb der Klassen eine vorzugebende Einteilung des Datensatzes zu verbessern. Sie haben den Vorteil, daß eine Zuordnung von Elementen zu Klassen, die an einer Stelle des Verfahrens vorgenommen wird, nicht für den ganzen Ablauf gültig sein muß. Bereits zugeordnete Elemente werden von ihren alten Klassen getrennt und einer neuen Klasse zugewiesen, wenn sich dadurch die Homogenität der Klassen noch erhöhen läßt.
Das hier gewählte Iterationsverfahren basiert wie das oben beschriebene hierarchisch-agglomerative Verfahren auf der euklidischen Distanz als Abstandsmaß. Es versucht, das Varianzkriterium weiter zu minimieren. Von einem vorliegenden (z.B. hierarchisch-agglomerativen) Typisierungsergebnis

ausgehend werden dabei folgende Schritte durchlaufen /32/:

> (1) Berechne die Typcentroide ,
> (2) Verschiebe jeden Betrieb in den
>   Typ mit dem ihm im Sinne der
>   euklidischen Distanz am nächsten
>   liegenden Centroid ,
> (3) Fahre bei (1) fort oder beende,
>   wenn kein Betrieb in diesem Durch-
>   gang den Typ gewechselt hat .

Das Ergebnis der Typenbildung, die Hierarchie, kann graphisch auf folgenden Weisen wiedergegeben werden:

In einem D e n d r o g r a m m werden alle vorkommenden Klasseneinteilungen und die Werte der Ähnlichkeit bzw. Unähnlichkeit dargestellt, bei denen jeweils Klassen auf den verschiedenen Stufen vereinigt werden. Bild 28 zeigt die

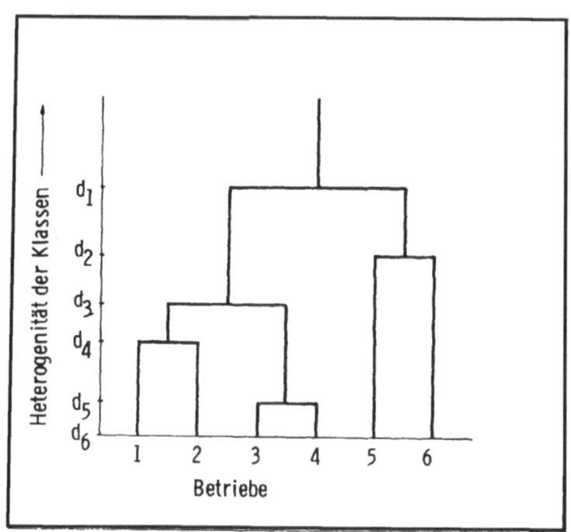

Bild 28: Dendrogramm der Fusion von 6 Betrieben
(Prinzipdarstellung)

Prinzipdarstellung eines derartigen Dendrogramms /37/, wobei hier die auf den Unähnlichkeits- bzw. Distanzniveaus erzeug-

ten Zusammenführungen dargestellt sind. Auf der Ordinate
können hierbei entweder die Absolutwerte oder die auf den
maximal vorkommenden Wert bezogenen und somit normierten
Zahlenangaben in Prozent aufgetragen werden.

Der Vorteil von Verhältniswerten besteht darin, daß auf diese
Weise verschiedene Dendrogramme untereinander direkt vergleich-
bar sind. Da ein Dendrogramm auf der Grundlage von Klassifika-
tionsmaßen erzeugt wird, kann es als Abbildung der Ähnlichkeitsstruktur der untersuchten Betriebe auf eine ebene Fläche verstanden werden.
Der Verlauf der Homogenität bzw. Heterogenität der Klassen als
Funktion der Klassenanzahl wird mit Hilfe des S t r u k t o -
g r a m m s graphisch dargestellt. Der Homogenitäts- bzw.
Heterogenitätsverlauf ist streng genommen eine Treppenkurve.
Es ist jedoch aus Gründen der Anschaulichkeit und der Vergleichbarkeit üblich, die Funktionswerte durch eine stetige
Kurve zu verbinden. In Bild 29 sind verschiedene Heterogeni-

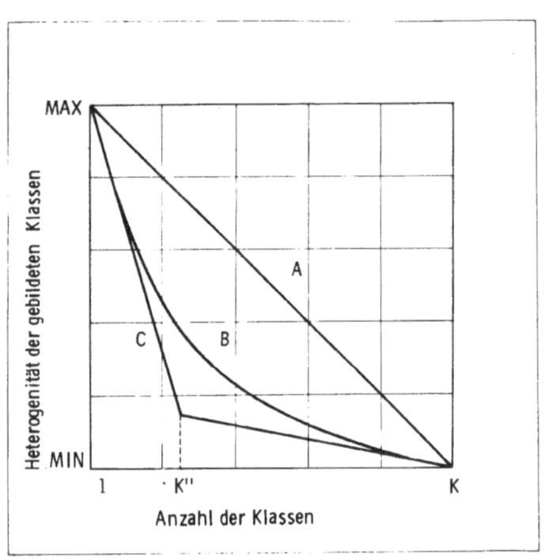

Bild 29: Mögliche Verläufe eines Struktogramms
(Prinzipdarstellung /37/)

tätsverläufe eines Struktogramms in prinzipieller Form
dargestellt. Beim Fehlen jeglicher Struktur besitzt der gewählte Heterogenitätswert bei einer Klasseneinteilung mit K Klassen
seinen niedrigsten Wert (MIN), er steigt gleichmäßig an, bis er
bei einer Einteilung mit nur einer Klasse seinen Höchstwert
(MAX) erreicht. Kurve A zeigt einen derartigen Verlauf. In
einem solchen Fall ist der zugrundeliegende Datensatz nicht
klassifizierbar.

Die K u r v e C dagegen verdeutlicht den i d e a l e n H e t e -
   r o g e n i t ä t s v e r l a u f der Hierarchie, sie legt eindeutig durch die Stufe K" einen Wert für die optimale Klassenanzahl fest, über den hinaus weitere Fusionen nicht sinnvoll sind.

Im V e r l a u f B ist ein r e a l e s E r g e b n i s dargestellt. Je mehr der reale Verlauf sich von A unterscheidet und die
Form von C annimmt, desto mehr gleicht die im Datensatz vorhandene
Struktur der Ähnlichkeitsstruktur, die dem ausgewählten Klassifi-
kationsmaß und Klassifikationsverfahren zugrunde liegt und
desto besser ist die erzeugte Klassifizierung.

6.4 TYPISIERUNG DER BETRIEBE

6.4.1 Analyse der Datenstruktur

Um Kenntnisse über die Struktur des vorliegenden Datensatzes
zu gewinnen, wurde zunächst eine Klassenbildung mit den hierarchisch-agglomerativen Verfahren "Single Linkage" und
"Centroid Sorting" /32/ auf der Grundlage der quadrierten
euklidischen Distanz durchgeführt. Das in 174 Unternehmen
erhobene Datenmaterial war bezüglich der erfragten Typisierungsmerkmale zum Teil unvollständig. Zur Typenbildung konnten deshalb nur die Angaben aus 93 Unternehmen herangezogen
werden.

Bild 3o zeigt als Ergebnis dieser Klassifikation das Struktogramm der Single-Linkage-Hierarchie; auf der Ordinate ist die
quadrierte euklidische Distanz im Verhältnis zur maximal möglichen quadrierten Distanz (5,674) aufgetragen. Der Kurvenverlauf läßt eindeutig erkennen, daß eine Struktur unter den Betrieben existiert; denn der Verlauf weicht stark ab von der
über die gesamte Klassifikation mit konstanter Steigung ver-
laufenden Kurve eines nicht klassifizierbaren Datensatzes
(Verlauf A in Bild 29).

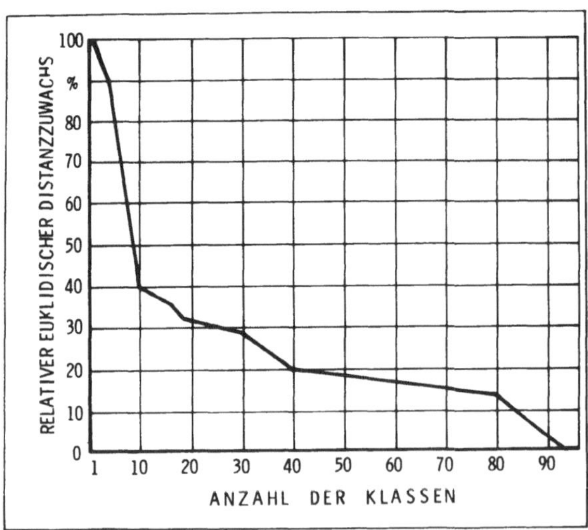

Bild 30: Struktogramm der Fusion mit "Single Linkage"

Doch sind die von Single Linkage gebildeten Klassen zum Aufbau der Betriebstypologie nicht geeignet. Aus dem Klassifikationsverlauf (Bild 31) zeigt sich nämlich deutlich der Hang dieses Verfahrens zur Verkettung. Zu den wenigen am Anfang entstandenen Klassen werden sukzessiv weitere Elemente zugeordnet. Schon nach 3o Vereinigungszyklen besteht nur noch eine große Klasse. Ihr werden nach und nach die restlichen Klassen, die nur aus einem oder seltener aus zwei Betrieben bestehen, zugeordnet.

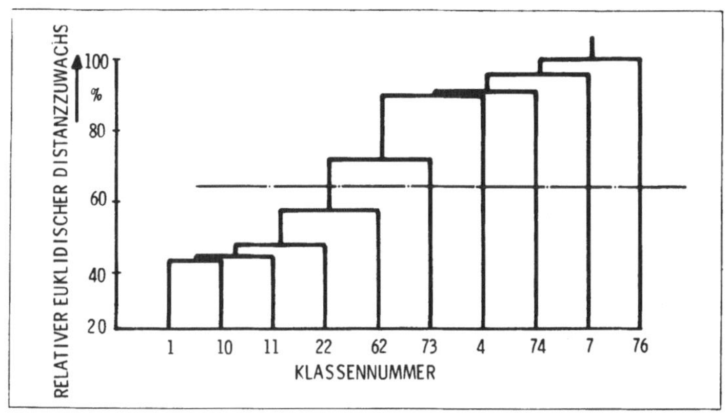

Bild 31: Teildendrogramm der Fusion mit "Single Linkage"

Eine Darstellung der gesamten Hierarchie in einem Dendrogramm wäre deshalb nur von Interesse zur Beurteilung des Klassifikationsverfahrens Single Linkage. Wichtig für die Information über die Struktur der zu klassifizierenden Betriebe sind nur die oberen Stufen der Hierarchie. In Bild 31 ist deshalb nur dieser Teil des Dendrogramms dargestellt. Als Maßstab ist auf der Ordinate des Teildendrogramms wieder die quadrierte euklidische Distanz im Verhältnis der maximalen Distanz aufgetragen. Die Klasse 1 enthält 84 Betriebe, während die restlichen Klassen nur aus Einzelelementen bestehen. Das zeigt deutlich, daß die Klassifizierung in starkem Maße durch Verkettung entstanden ist.

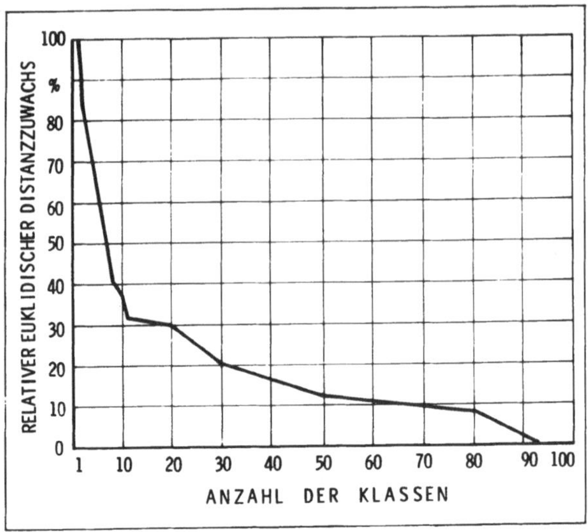

Bild 32: Struktogramm der Fusion mit "Centroid Sorting"

Die Betriebe 73, 4, 74, 7 und 76 werden erst auf einem hohen
Distanzniveau der Klasse 1 zugewiesen; dies bedeutet, daß sie
den übrigen Objekten sehr unähnlich sind. Da sie alle einen
großen Abstand zum nächsten Nachbarn haben, scheint es be-
rechtigt, diese Betriebe als Ausreißer zu bezeichnen.

Bevor sie jedoch aus dem Datensatz entfernt werden, wird zur
Absicherung dieser Entscheidung eine weitere Analyse durchgeführt. Bild 32 zeigt den Verlauf der Klassenbildung, der unabhängig von oben genanntem Verfahren mit Centroid Sorting auf-
gebaut wurde, als Struktogramm. Auf der Ordinate ist wieder
die quadrierte euklidische Distanz im Verhältnis zur Maximal-
distanz (8,599) aufgetragen.

Auch aus diesem Verlauf ist deutlich zu erkennen, daß im zugrundeliegenden Datensatz eine Struktur existiert. Vergleicht
man die Kurve mit dem in Bild 3o aufgezeichneten Verlauf von
Single Linkage, so wird die größere Klassifikationsintensität
von Centroid Sorting deutlich. Es werden wesentlich mehr

Klassen auf dem unteren Distanzniveau gebildet als bei Single
Linkage. Centroid Sorting erreicht die 32%-Marke erst bei
11 Klassen, während Single Linkage sie schon bei 2o über-
schreitet. Dies bedeutet, daß die gebildeten Klassen homo-
gener sind.

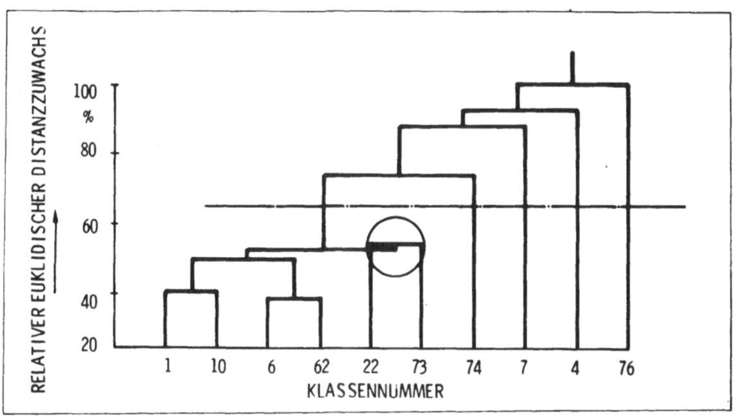

Bild 33: Teildendrogramm der Fusion mit "Centroid Sorting"

Darüber hinaus legt dieses Verfahren durch den großen Stei-
gerungszuwachs von 11 nach 1o Klassen eine objektive Stufe
für die optimale Klassenanzahl fest. Dieser erste Lösungs-
hinweis soll noch durch nachfolgende Analysen erhärtet werden.

Hierzu zeigt Bild 33 die oberen Stufen des Centroid Sorting-
Dendrogramms. Bei der Vereinigung der Klassen 22 und 1 tritt
eine Inversion auf (durch Kreis gekennzeichnet).

Diese Fusion zweier Klassen, von denen eine bereits auf einem
höheren Distanzniveau gebildet worden ist, tritt auch auf den
unteren und mittleren Stufen der Hierarchie häufig auf. Dies
sind Falschklassifikationen, die sich jedoch im Dendrogramm erkennen lassen. Deutlich zeigt sich die Trennung der Betriebe
76, 4, 7 und 74 vom übrigen Datensatz. Da genau diese Elemente

auch bei Single Linkage als letzte mit den restlichen Objekten
vereinigt werden, bestätigt sich die an früherer Stelle ge-
machte "Ausreißer-Hypothese".
Über diese 4 Betriebe hinaus legt Single Linkage auch den Betrieb 73 als Ausreißer fest. Es muß die Entscheidung getroffen
werden, ob auch dieses Objekt aus dem Datensatz zu entfernen
ist. Bedingt durch den hohen Abstand zum nächsten Nachbarn
(d=4,o54) wird die Vergleichbarkeit der Betriebe durch dieses
Element negativ beeinflußt, so daß Betrieb 73 ebenfalls aus
dem Datensatz ausgesondert wird.

Der Datensatz für die weiteren Klassifikationen besteht somit
noch aus 88 Betrieben, wobei zu beachten ist, daß sich durch
die Abtrennung der Ausreißer die Betriebsnummerierung ändert.

6.4.2 Hierarchische Klassifikation

Nachdem durch die beiden vorangegangenen Analysen sichergestellt wurde, daß im zugrundeliegenden Datensatz eine Struktur existiert, und die Daten bereinigt sind, werden jetzt
die 88 Betriebe mit der Methode von Ward /38/ auf der Grundlage
der euklidischen Distanz hierarchisch klassifiziert.
Dieses Verfahren baut auf der Berechnung des Informationsver-
lustes auf, der aus der Fusion zweier Klassen resultiert.
Gemessen wird dieser Informationsverlust mit Hilfe des Fehler-
quadratzuwachses. Dieser ist ein Maß für die Heterogenität
der auf der jeweiligen Stufe gebildeten Klasse. Im Gegensatz zu anderen Distanzmaßen kann hier auch eine Aussage
gemacht werden über die Homogenität bzw. Heterogenität aller
auf dieser Stufe existierenden Klassen. Maß dafür ist die
Summe aller Zuwächse bis zu dieser Stufe, die Fehlerquadratsumme.

Da zwei Heterogenitätsmaße zur Verfügung stehen, kann die
Hierarchie der Klassen durch zwei verschiedene Versionen des
Dendrogramms veranschaulicht werden. Die Stufen werden einmal,
wie sonst üblich, durch den Wert der auf dieser Stufe gebildeten Klasse, durch den Fehlerquadratzuwachs, gekennzeichnet.

Daneben existiert die kumulierte Version des Dendrogramms.
Hier wird die Summe der Fehlerquadratzuwächse, die Fehlerquadratsumme aufgetragen; diese Art von Dendrogramm ist
meistens übersichtlicher.

Bild 34 zeigt deshalb das kumulative Dendrogramm der Klassifikation. Auf der Ordinate ist die Fehlerquadratsumme in Prozent der Fehlerquadratsumme des Gesamtsystem ($Z = 178,37$) aufgetragen. Daraus ist zu erkennen, daß beim Verfahren von W a r d im Gegensatz zu S i n g l e   L i n k a g e und C e n t r o i d   S o r t i n g keine Kettenbildung und keine Inversion auftreten. Es neigt nicht wie die beiden dazu, wenige große Klassen zu bilden, die sukzessive mit allen restlichen Elementen fusioniert werden.

Um weitergehende Aussagen, besonders über das Problem der optimalen Klassenanzahl, machen zu können, muß das zugehörige Struktogramm betrachtet werden.

In Bild 35 ist das kumulative Struktogramm dieser Klassifikation dargestellt. Auf der Ordinate ist die Fehlerquadratsumme im Verhältnis zur Gesamtsumme aufgetragen. Der Verlauf läßt zwar erkennen, daß viele Fusionen bereits auf niedrigem Fehlerquadratsummenniveau stattfinden, was auf eine h o h e H o m o g e n i t ä t hinweist, aber Hinweise auf die in der Struktur enthaltene Klassenanzahl kann dieser Kurvenverlauf nicht liefern.
Deshalb wird untersucht, ob über den Fehlerquadratzuwachs eine bessere Aussage zu erreichen ist. Bild 36 zeigt den Zusammenhang zwischen Klassenanzahl und Fehlerquadratzuwachs. Auf der Ordinate ist der relative Fehlerquadratzuwachs im Verhältnis zum größten Fehlerquadratzuwachs ($\Delta z_{max} = 13,49$) aufgetragen.

Diese Darstellung läßt direkte Vergleiche mit den Struktogrammen von Centroid Sorting (Bild 32) und Single Linkage (Bild 3o) zu.

Hier zeigt sich die wesentlich höhere Klassifikationsintensität von Ward. Viele Vereinigungen werden bereits auf der unteren Stufe durchgeführt. Während mit diesem Verfahren 3o Klassen bereits bei 14% relativem Fehlerquadratzuwachs erreicht

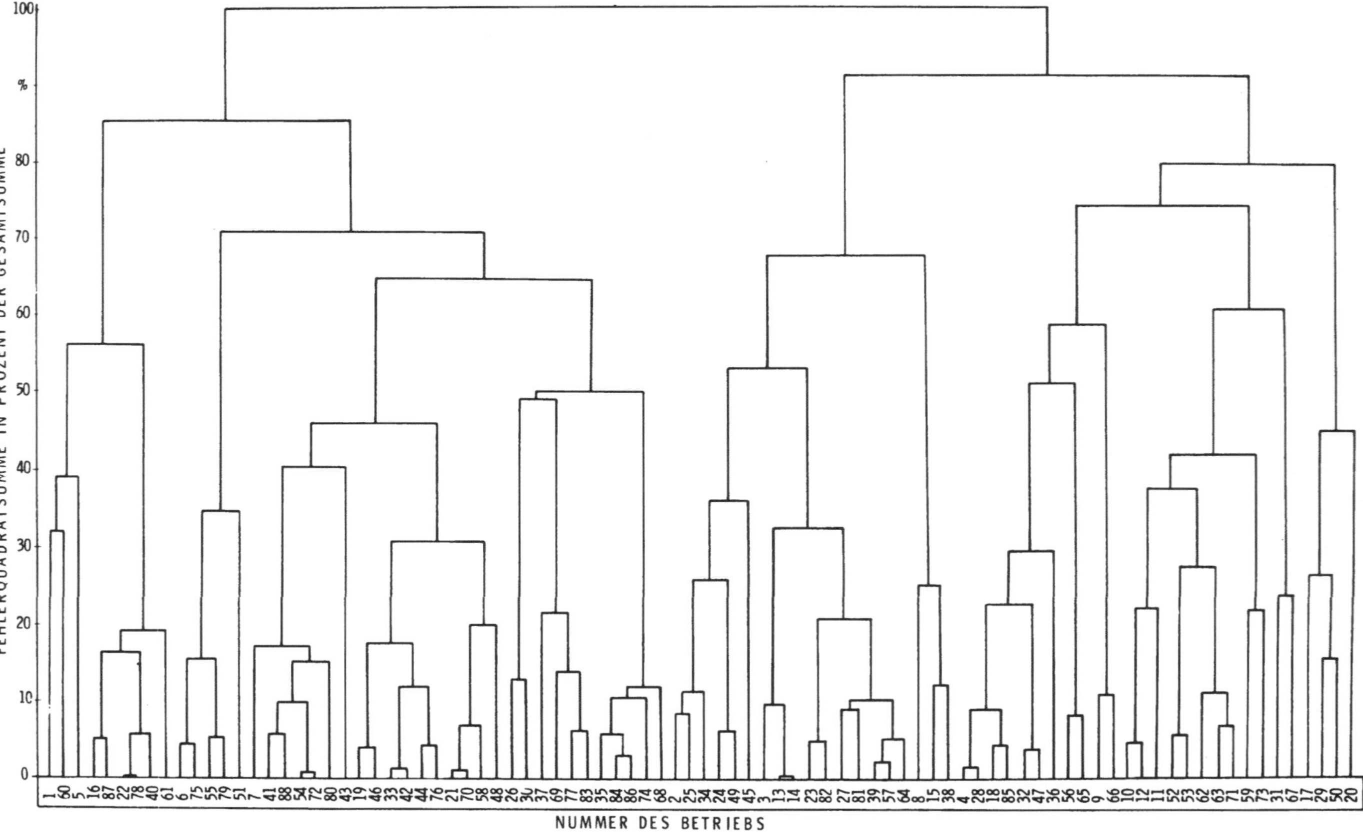

Bild 34: Kumulatives Dendrogramm der Fusion mit dem Verfahren von "Ward"

werden, bildet Centroid Sorting diese Anzahl bei 21% und
Single Linkage erst bei 29%. Doch allen gemeinsam ist der
steile Schlußanstieg. Er beginnt nach Ward bei 1o Klassen,
nach Centroid Sorting bei 11 und nach Single Linkage bei
8 Klassen.

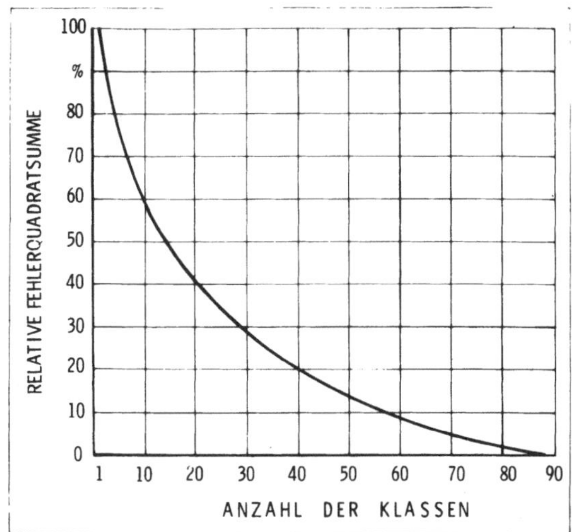

Bild 35: Kumulatives Struktogramm der Fusion
mit der Methode von "Ward"

Diese Übereinstimmung weist darauf hin, daß die im Datensatz
vorhandene Ordnung mit einer Klassenzahl zwischen 8 und 11
am besten abgebildet werden kann.

Der Verlauf nach Ward ist aufgrund des zugrundeliegenden
Fusionskriteriums natürlich aussagekräftiger, deshalb wird
das Struktogramm in Bild 36 noch weiter untersucht.

Das Struktogramm zeigt einen annähernd proportionalen Anfangs-
verlauf mit geringer Steigung und einem steilen Endverlauf
der Kurve.

Somit wird fast der ideale Verlauf C in Bild 29 erreicht. Dies
zeigt, daß die im Datensatz vorhandene Ordnung in überwiegen-
dem Maße der Ähnlichkeitsstruktur gleicht, die der Methode von
Ward zugrundeliegt und die Entscheidung, mit diesem Verfahren
die Betriebe zu klassifizieren, richtig getroffen ist.

Doch zeigt sich auch ein Unterschied: die Ecke bei K" ist abge-
rundet, so daß der Punkt, über den hinaus weitere Fusionen
nicht sinnvoll sind, nicht eindeutig festzulegen ist. Es läßt

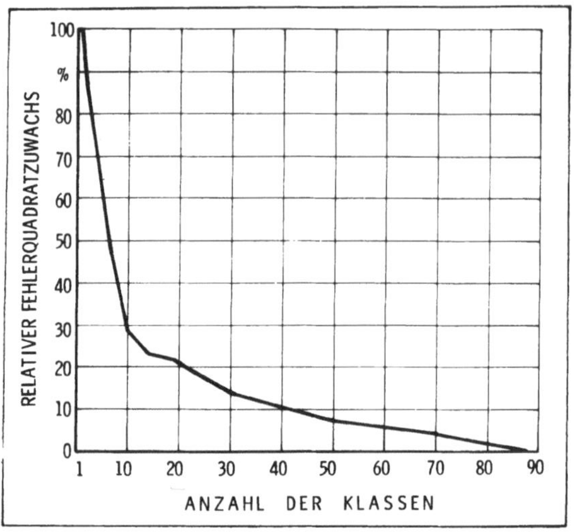

Bild 36: Struktogramm der Fusion mit
der Methode von "Ward"

sich nur das Intervall von 14 bis 1o Klassen angeben, in dem
bei diesem Verlauf die optimale Klassenanzahl liegen muß. Aufgrund der Verläufe der drei voneinander unabhängig erzeugten
Struktogramme ist zu erkennen, daß die optimale Klassenanzahl
zwischen 14 und 8 liegt. Zur eindeutigen Bestimmung der endgültigen Typenzahl wird der von /39/ empfohlene Elastizitätskoeffizient verwendet. Mit diesem wird ermittelt, wie stark
sich der Heterogenitätskoeffizient beim Übergang auf eine
geringere Klassenanzahl ändert. Die optimale Klassenanzahl ist
erreicht, wenn mit einer weiteren Verringerung der Klassenanzahl eine im Vergleich zu bisherigen Änderungen maximale Ände-
rung des Heterogenitätsmaßes verbunden wäre. Daraus ergibt sich
folgender mathematischer Zusammenhang:

$$HE_i = \frac{K_i - K_{i-1}}{K_{i-1}} \Big/ \frac{Z_{i-1} - Z_i}{Z_{i-1}}$$

HE ...Heterogenitätselastizität

K_i ...Anzahl der Klassen nach der i-ten Fusion

Z_i ...Fehlerquadratzuwachs nach der i-ten Fusion

i ...Anzahl der Klassen

Die optimale Klassenanzahl ist also dann erreicht, wenn der Elastizitätskoeffizient innerhalb des Intervalls einen Minimalwert erreicht.

Bild 37 zeigt die Werte des Elastizitätskoeffizienten für die Unterteilung von 14 bis 8 Klassen.

Klassenzahl K_i	Fehlerquadrat- zuwachs ΔZ_i	Heterogenitäts- elastizität HE
15	6,169	2,1798
14	6,378	1,1991
13	6,782	6,5795
12	6,869	1,6718
11	7,264	1,7471
10	7,705	0,5481
9	9,664	2,1552
8	10,259	0,7919
7	12,517	

Bild 37: Werte der Heterogenitätselastizität
für die Einteilung von 14 bis 8 Klassen

Diese Kennziffer legt 1o eindeutig als optimale Klassenanzahl fest. Die hierbei erreichte Marke von 59,4% der Gesamtfehlerquadratsumme liegt noch unter dem sonst üblichen Wert von 6o - 63% /33/. Dieses Ergebnis bestätigt die aus den Struktogrammen von Centroid Sorting und Single Linkage entnommenen

Informationen; es liegt innerhalb des bereits genannten Intervalls zwischen 8 und 11 Klassen.

Dadurch legt die hierarchische Klassifikation mit den Verfahren von Ward die in Bild 38 dargestellte Aufteilung des Datensatzes in 1o Typen als vorläufiges Optimum fest.

Typ	1	2	3	4	5	6	7	8	9	10
Anzahl Betriebe/ Typ	6	24	8	18	2	4	8	8	6	3

Bild 38: Aufteilung der Betriebe mit der hierarchischen Klassifikation

6.4.3 Iterative Verbesserung der hierarchisch erzeugten Einteilung

Wie bereits in Abschnitt 6.3 dargelegt, haben hierarchische Verfahren den Nachteil, daß die Zuordnung der Betriebe zu den jeweiligen Klassen während eines Klassifizierungsvorgangs nicht mehr verändert werden kann. Deshalb wird das mit Hilfe des hierarchischen Verfahrens gewonnene Ergebnis als Ausgangslage für ein iteratives Verfahren verwendet. Damit wird erreicht, daß Betriebe aus ihrer bisherigen Klasse herausgelöst und einer anderen zugeordnet werden, wenn sich dadurch die Vergleichbarkeit innerhalb der Klassen weiter erhöhen läßt.

Als Maß für diese Vergleichbarkeit kommen wieder die in 6.1 angeführten Homogenitäts- und Heterogenitätsmaße in Betracht. Aufgrund der bereits genannten Vorteile wird auch bei der hier durchzuführenden Iteration mit dem Fehlerquadratzuwachs gearbeitet.

Nach 3 Iterationszyklen, bei denen 12 Zuordnungen der hierarchischen Klassifikation verändert wurden, bleibt die Klassifizierung stabil. Die Iteration wird deshalb abgebrochen.

6.4.4 Charakteristik der Betriebstypen

Mit der im vorangegangenen Abschnitt durchgeführten Iteration erhält man die in Bild 39 dargestellten 1o Betriebstypen.

Betriebs-typ	Anzahl Betriebe /Typ	Durchschn. Fehlerquadratzuwachs	Größte Ähnlichkeit mit Betriebstyp	bei Fehlerquadratzuwachs
1	7	3. 14	10	13. 66
2	24	2. 16	6	10. 92
3	13	2. 79	7	11. 74
4	5	2. 15	9	11. 38
5	11	2. 21	9	10. 33
6	3	2. 51	2	10. 93
7	9	2. 81	10	9. 75
8	4	3. 84	10	15. 41
9	10	2. 52	5	10. 33
10	2	2. 96	7	9. 75

Bild 39: Aufteilung der Betriebe nach Abschluß
der Iteration

Die ausführliche Beschreibung der gebildeten Betriebstypen erfolgt mittels statistischer Kennwerte, indem typbezogen für jedes der in die Typologie einbezogenen Strukturmerkmale

- Mittelwert
- Standardabweichung
- F-Wert
- T-Wert

berechnet werden. Kleine F-Werte zeigen solche Merkmale an, deren Ausprägungen innerhalb eines Typs sehr dicht beieinander liegen. Große T-Werte treten bei denjenigen Merkmalen auf, deren Werte im Typ sich vom Gesamtdurchschnitt stark unterscheiden und die somit "typisch" für den jeweiligen Betriebstyp sind. Mittels dieser Kennwerte werden im folgenden diese

1o Betriebstypen beschrieben. Zur besseren Veranschaulichung
werden die Typen mit ihren jeweiligen Merkmalsausprägungen zusätzlich noch graphisch dargestellt.

6.5   BESCHREIBUNG DER TYPEN

Betriebstyp 1 (Tafel 1)

Kennzeichnend für die Betriebe dieses Typs sind die h o h e n
G e s a m t d u r c h l a u f z e i t e n   d e r   P r o d u k t e,
wobei die D u r c h l a u f z e i t   d u r c h   d i e
F e r t i g u n g den größten Teil einnimmt. Vom Fertigungstyp
her dominiert die E i n z e l f e r t i g u n g. Die Erzeugnisse
bestehen aus überdurchschnittlich vielen Einzelteilen,
die wegen ihrer s t a r k e n   K u n d e n b e z o g e n h e i t
einen g e r i n g e n   W i e d e r h o l g r a d haben und
deswegen kaum auf Zwischenlager gefertigt werden.
Diese Tatbestände spiegeln sich auch in der g r o ß e n
A n z a h l   a n   n e u e n   S t ü c k l i s t e n/ M o n a t
wider.
Diese Eigenschaften prägen die im Rahmen der Fertigungssteuerung verwendeten Verfahren. Um die große Teilevielfalt
organisatorisch zu beherrschen, werden alle Aufgaben EDV-
unterstützt abgewickelt. Die große Zahl neuer Stücklisten/
Monat macht eine tägliche Stücklistenorganisation notwendig.
Die Beschaffungsaufgaben (Verfügbarkeitskontrolle, Brutto-
und Nettobedarfsermittlung, sowie Bestellrechnung) können
aufgrund der langen Durchlaufzeiten in monatlichem Rhythmus
durchgeführt werden.

Betriebstyp 2 (Tafel 2)

Die hohe Anzahl der im Typ enthaltenen Betriebe zeigt, daß
dieser typisch ist für die Maschinenbaubranche. Es handelt
sich hier um K l e i n -   u n d   M i t t e l b e t r i e b e
mit überwiegender K l e i n s e r i e n f e r t i g u n g.
Das produktbezogene Mengengerüst ist im Vergleich zu anderen
Typen gering, vor allem der Anteil an fremdbezogenen Teilen,
sowie die je Tag zu verbuchenden Lagerbewegungen.

Aufgrund dieser Tatbestände erfolgt die Fertigungssteuerung
mit Ausnahme der Bestandsführung und der Erstellung der Kapa-

VAR. NR.	BEDEUTUNG	MERKMALSAUSPRÄGUNG (MITTELWERT)
1	Mittlere Gesamtdurchlaufzeit der Produkte (Wochen)	0 … 10 … 100
2	Mittlere Fertigungsdurchlaufzeit d. '' (Wochen)	0 … 10 … 50
3	Anteil Einzelfertigung (%)	0 … 10 … 100
4	Anteil wiederholte Einzelfertigung (%)	0 … 10 … 100
5	Auflagehäufigkeit wiederholte Einzelfertigung p. Jahr	0 … 100 … 200
6	Anteil Kleinstserie (%)	0 … 10 … 100
7	Auflagehäufigkeit Kleinstserie pro Jahr	0 … 10
8	Anteil Kleinserie (%)	0 … 10 … 100
9	Auflagehäufigkeit Kleinserie pro Jahr	0 … 10 … 100
10	Anteil Mittelserie (%)	0 … 10 … 100
11	Auflagehäufigkeit Mittelserie pro Jahr	0 … 10 … 100
12	Anteil Großserie (%)	0 … 10 … 100
13	Auflagehäufigkeit Großserie pro Jahr	0 … 1 … 10
14	Unternehmensart 1=MG 2=KM 3=u	1 … 2 … 3
15	Qualitätsanforderungen Oberfläche	ja … nein
16	Qualitätsanforderungen Form	ja … nein
17	Qualitätsanforderungen Werkstoff	ja … nein
18	Qualitätsanforderungen Funktion	ja … nein
19	Anteil Teile mit erhöhter Ausschußgefahr	0 … 10 … 50
20	Anzahl Beschäftigte	0 … 1000 … 5000
21	Umsatz / Jahr (Mio DM)	0 … 100 … 500
22	Anzahl unterschiedlicher Produkte	0 … 1000 … 5000
23	Anzahl Ersatzteile	0 … 10000 … 100000
24	Anteil Produkte mit Varianten (%)	0 … 10 … 100
25	Anteil Lagerfertigung (%)	0 … 10 … 100
26	Anteil Fremdbezugsteile mengenmäßig (%)	0 … 10 … 100
27	Anteil Fremdbezugsteile wertmäßig (%)	0 … 10 … 100
28	Durchschn. Anzahl d. Arbeitsvorgänge pro Teil	0 … 20
29	Anteil Wiederholteile (%)	0 … 10 … 100
30	Kundenwünsche während der Fertigung	ja … nein
31	Baugruppenmontage in Linie	ja … nein
32	Endmontage in Linie	ja … nein
33	Einzelteilfertigung in Linie	ja … nein
34	Anteil der vielstufigen Produkte (%)	0 … 10 … 100
35	Mittlere Losgröße (Stück pro Los)	0 … 1000 … 5000
36	Mittlere Anzahl Teile pro Produkt	0 … 1000 … 10000
37	Anteil Teilefertigung auf Zwischenlager (%)	0 … 10 … 100
38	Anzahl Teilestammsätze	0 … 25000 … 250000
39	Anzahl Lagerbewegungen pro Tag	0 … 1000 … 5000
40	Anteil ungeplanter Lagerentnahmen (%)	0 … 10 … 50
41	Anzahl aktiver Stücklisten	0 … 1000 … 20000
42	Anzahl Stücklistenänderung pro Monat	0 … 500 … 1000 … 1500 … 2000 … 2500
43	Zahl neuer Stücklisten pro Monat	0 … 200 … 2000
44	Änderungen des Primärbedarfs	häufig … selten
45	Nachfrageverlauf der Teile (%) schwankend	0 … 10 … 100
46	Nachfrageverlauf der Teile (%) linear	0 … 10 … 100
47	Nachfrageverlauf der Teile (%) progressiv	0 … 10 … 100
48	Nachfrageverlauf der Teile (%) saisonal	0 … 10 … 100
49	Nachfrageverlauf der Teile (%) sporadisch	0 … 10 … 100

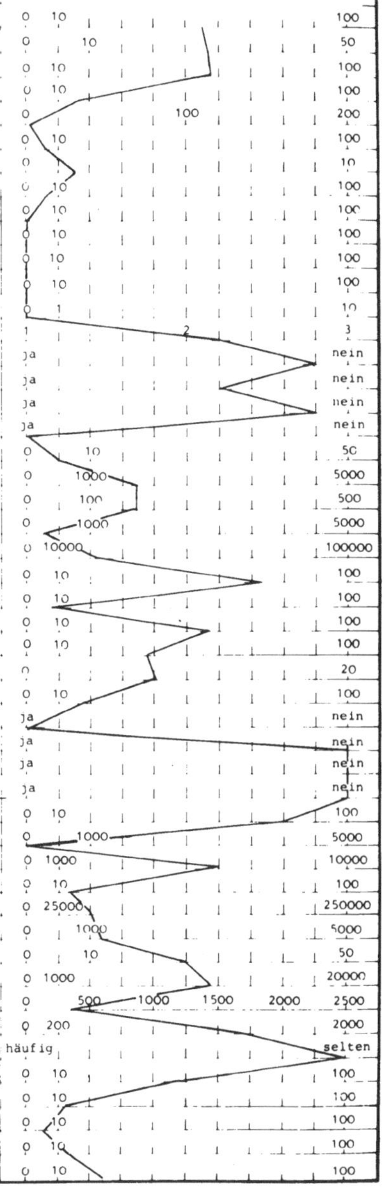

MG=Muttergesellschaft   KM=Konzernmitglied   u=unabhängig

Tafel 1: Struktur des Betriebstyps 1

VAR. NR.	BEDEUTUNG	MERKMALSAUSPRÄGUNG (MITTELWERT)
1	Mittlere Gesamtdurchlaufzeit der Produkte (Wochen)	0 ... 10 ... 100
2	Mittlere Fertigungsdurchlaufzeit d. " (Wochen)	0 ... 10 ... 50
3	Anteil Einzelfertigung (%)	0 ... 10 ... 100
4	Anteil wiederholte Einzelfertigung (%)	0 ... 10 ... 100
5	Auflagehäufigkeit wiederholte Einzelfertigung p. Jahr	0 ... 100 ... 200
6	Anteil Kleinstserie (%)	0 ... 10 ... 100
7	Auflagehäufigkeit Kleinstserie pro Jahr	0 ... 10
8	Anteil Kleinserie (%)	0 ... 10 ... 100
9	Auflagehäufigkeit Kleinserie pro Jahr	0 ... 10 ... 100
10	Anteil Mittelserie (%)	0 ... 10 ... 100
11	Auflagehäufigkeit Mittelserie pro Jahr	0 ... 10 ... 100
12	Anteil Großserie (%)	0 ... 10 ... 100
13	Auflagehäufigkeit Großserie pro Jahr	0 ... 1 ... 10
14	Unternehmensart 1=MG 2=KM 3=u	1 ... 2 ... 3
15	Qualitätsanforderungen Oberfläche	ja ... nein
16	Qualitätsanforderungen Form	ja ... nein
17	Qualitätsanforderungen Werkstoff	ja ... nein
18	Qualitätsanforderungen Funktion	ja ... nein
19	Anteil Teile mit erhöhter Ausschußgefahr	0 ... 10 ... 50
20	Anzahl Beschäftigte	0 ... 1000 ... 5000
21	Umsatz / Jahr (Mio DM)	0 ... 100 ... 500
22	Anzahl unterschiedlicher Produkte	0 ... 1000 ... 5000
23	Anzahl Ersatzteile	0 ... 10000 ... 100000
24	Anteil Produkte mit Varianten (%)	0 ... 10 ... 100
25	Anteil Lagerfertigung (%)	0 ... 10 ... 100
26	Anteil Fremdbezugsteile mengenmäßig (%)	0 ... 10 ... 100
27	Anteil Fremdbezugsteile wertmäßig (%)	0 ... 10 ... 100
28	Durchschn. Anzahl d. Arbeitsvorgänge pro Teil	0 ... 20
29	Anteil Wiederholteile (%)	0 ... 10 ... 100
30	Kundenwünsche während der Fertigung	ja ... nein
31	Baugruppenmontage in Linie	ja ... nein
32	Endmontage in Linie	ja ... nein
33	Einzelteilfertigung in Linie	ja ... nein
34	Anteil der vielstufigen Produkte (%)	0 ... 10 ... 100
35	Mittlere Losgröße (Stück pro Los)	0 ... 1000 ... 5000
36	Mittlere Anzahl Teile pro Produkt	0 ... 1000 ... 10000
37	Anteil Teilefertigung auf Zwischenlager (%)	0 ... 10 ... 100
38	Anzahl Teilestammsätze	0 ... 25000 ... 250000
39	Anzahl Lagerbewegungen pro Tag	0 ... 1000 ... 5000
40	Anteil ungeplanter Lagerentnahmen (%)	0 ... 10 ... 50
41	Anzahl aktiver Stücklisten	0 ... 1000 ... 20000
42	Anzahl Stücklistenänderung pro Monat	0 ... 500 ... 1000 ... 1500 ... 2000 ... 2500
43	Zahl neuer Stücklisten pro Monat	0 ... 200 ... 2000
44	Änderungen des Primärbedarfs	häufig ... selten
45	Nachfrageverlauf der Teile (%) schwankend	0 ... 10 ... 100
46	Nachfrageverlauf der Teile (%) linear	0 ... 10 ... 100
47	Nachfrageverlauf der Teile (%) progressiv	0 ... 10 ... 100
48	Nachfrageverlauf der Teile (%) saisonal	0 ... 10 ... 100
49	Nachfrageverlauf der Teile (%) sporadisch	0 ... 10 ... 100

MG=Muttergesellschaft   KM=Konzernmitglied   u=unabhängig

Tafel 2: Struktur des Betriebstyps 2

zitätsbelastungsübersicht auch ausschließlich manuell. Als
Durchführungsrhythmus zieht sich die Woche durch alle Aufgaben.
Eine Ausnahme bilden Bestandsführung, Nettobedarfs- und Bestell-
rechnung, die auch monatlich und täglich durchgeführt werden.

Betriebstyp 3 (Tafel 3)
Im Gegensatz zu den bisherigen Typen haben diese Betriebe einen
h o h e n   A n t e i l   a n   L a g e r f e r t i g u n g und
Fremdbezugsteilen. Die Produkte werden in S t ü c k z a h l e n
z w i s c h e n   2 0   u n d   2 0 0 hergestellt. Die E n d -
m o n t a g e   e r f o l g t   i n   L i n i e. Der Anteil von
ca. 3 5 %   a n   W i e d e r h o l t e i l e n begünstigt
hier die F e r t i g u n g   a u f   Z w i s c h e n l a g e r ,
um Lieferzeiten zu verkürzen.

Die Materialbewirtschaftung wird mit Ausnahme der Lagerhaltungspolitik EDV-unterstützt abgewickelt. Bis auf Arbeitsplanorganisation und Reihenfolgeplanung werden auch die terminlichen
und kapazitiven Planungsaufgaben mit EDV-Unterstützung durchgeführt.

Betriebstyp 4 (Tafel 4)
Charakteristisch für diesen Betriebstyp ist sein mit 71%
s e h r   h o h e r   A n t e i l   a n   K l e i n s t s e r i e
(2 - 20 Stück/Auflage) mit der geringen Auflagehäufigkeit von
3 mal pro Jahr. Zwar hält sich die Anzahl der unterschiedlichen
Produkte in Grenzen, da jedoch 60% der Produkte Varianten aufweisen, führt dies zu einer für diesen Betriebstyp bezeichnend
h o h e n   A n z a h l   a n   E r s a t z t e i l e n. Die
Bedarfsermittlung ist aufgrund des sporadischen Nachfrageverlaufs
schwierig. Dies zeigt sich auch darin, daß bei den Beschaffungsaufgaben der 14-tägige Rhythmus vorhanden ist, Bestandsführung
und Verfügbarkeitskontrolle jedoch täglich durchgeführt werden.
Mit Ausnahme der Lagerhaltungspolitik läuft die Fertigungssteuerung EDV-unterstützt ab.

Betriebstyp 5 (Tafel 5)
Gemessen an der Zahl der Beschäftigten gehören diese Betriebe

VAR. NR.	BEDEUTUNG	MERKMALSAUSPRÄGUNG (MITTELWERT)
1	Mittlere Gesamtdurchlaufzeit der Produkte (Wochen)	0 10 ... 100
2	Mittlere Fertigungsdurchlaufzeit d. " (Wochen)	0 10 ... 50
3	Anteil Einzelfertigung (%)	0 10 ... 100
4	Anteil wiederholte Einzelfertigung (%)	0 10 ... 100
5	Auflagehäufigkeit wiederholte Einzelfertigung p. Jahr	0 ... 100 ... 200
6	Anteil Kleinstserie (%)	0 10 ... 100
7	Auflagehäufigkeit Kleinstserie pro Jahr	0 1 ... 10
8	Anteil Kleinserie (%)	0 10 ... 100
9	Auflagehäufigkeit Kleinserie pro Jahr	0 10 ... 100
10	Anteil Mittelserie (%)	0 10 ... 100
11	Auflagehäufigkeit Mittelserie pro Jahr	0 10 ... 100
12	Anteil Großserie (%)	0 10 ... 100
13	Auflagehäufigkeit Großserie pro Jahr	0 1 ... 10
14	Unternehmensart 1=MG 2=KM 3=u	1 ... 2 ... 3
15	Qualitätsanforderungen Oberfläche	ja ... nein
16	Qualitätsanforderungen Form	ja ... nein
17	Qualitätsanforderungen Werkstoff	ja ... nein
18	Qualitätsanforderungen Funktion	ja ... nein
19	Anteil Teile mit erhöhter Ausschußgefahr	0 10 ... 50
20	Anzahl Beschäftigte	0 1000 ... 5000
21	Umsatz / Jahr (Mio DM)	0 100 ... 500
22	Anzahl unterschiedlicher Produkte	0 1000 ... 5000
23	Anzahl Ersatzteile	0 10000 ... 100000
24	Anteil Produkte mit Varianten (%)	0 10 ... 100
25	Anteil Lagerfertigung (%)	0 10 ... 100
26	Anteil Fremdbezugsteile mengenmäßig (%)	0 10 ... 100
27	Anteil Fremdbezugsteile wertmäßig (%)	0 10 ... 100
28	Durchschn. Anzahl d. Arbeitsvorgänge pro Teil	0 ... 20
29	Anteil Wiederholteile (%)	0 10 ... 100
30	Kundenwünsche während der Fertigung	ja ... nein
31	Baugruppenmontage in Linie	ja ... nein
32	Endmontage in Linie	ja ... nein
33	Einzelteilfertigung in Linie	ja ... nein
34	Anteil der vielstufigen Produkte (%)	0 10 ... 100
35	Mittlere Losgröße (Stück pro Los)	0 1000 ... 5000
36	Mittlere Anzahl Teile pro Produkt	0 1000 ... 10000
37	Anteil Teilefertigung auf Zwischenlager (%)	0 10 ... 100
38	Anzahl Teilestammsätze	0 25000 ... 250000
39	Anzahl Lagerbewegungen pro Tag	0 1000 ... 5000
40	Anteil ungeplanter Lagerentnahmen (%)	0 10 ... 50
41	Anzahl aktiver Stücklisten	0 1000 ... 20000
42	Anzahl Stücklistenänderung pro Monat	0 500 1000 1500 2000 2500
43	Zahl neuer Stücklisten pro Monat	0 200 ... 2000
44	Änderungen des Primärbedarfs	häufig ... selten
45	Nachfrageverlauf der Teile (%) schwankend	0 10 ... 100
46	Nachfrageverlauf der Teile (%) linear	0 10 ... 100
47	Nachfrageverlauf der Teile (%) progressiv	0 10 ... 100
48	Nachfrageverlauf der Teile (%) saisonal	0 10 ... 100
49	Nachfrageverlauf der Teile (%) sporadisch	0 10 ... 100

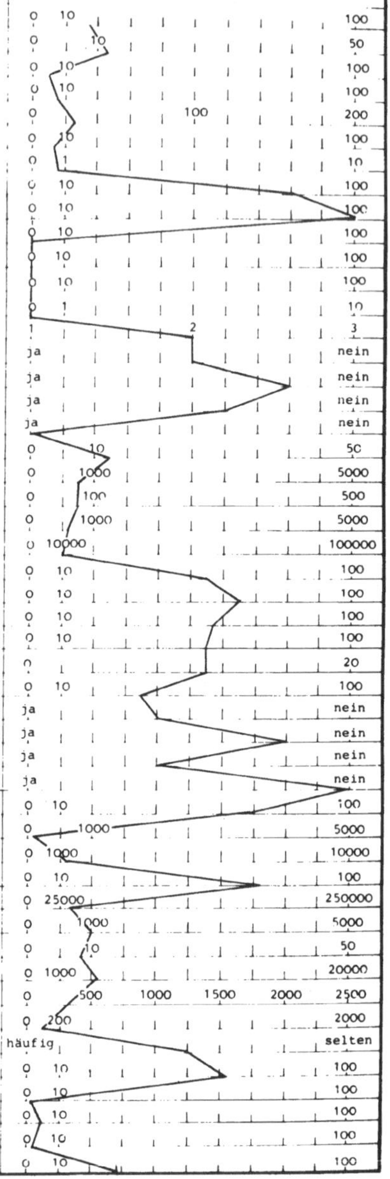

MG=Muttergesellschaft   KM=Konzernmitglied   u=unabhängig

Tafel 3: Struktur des Betriebstyps 3

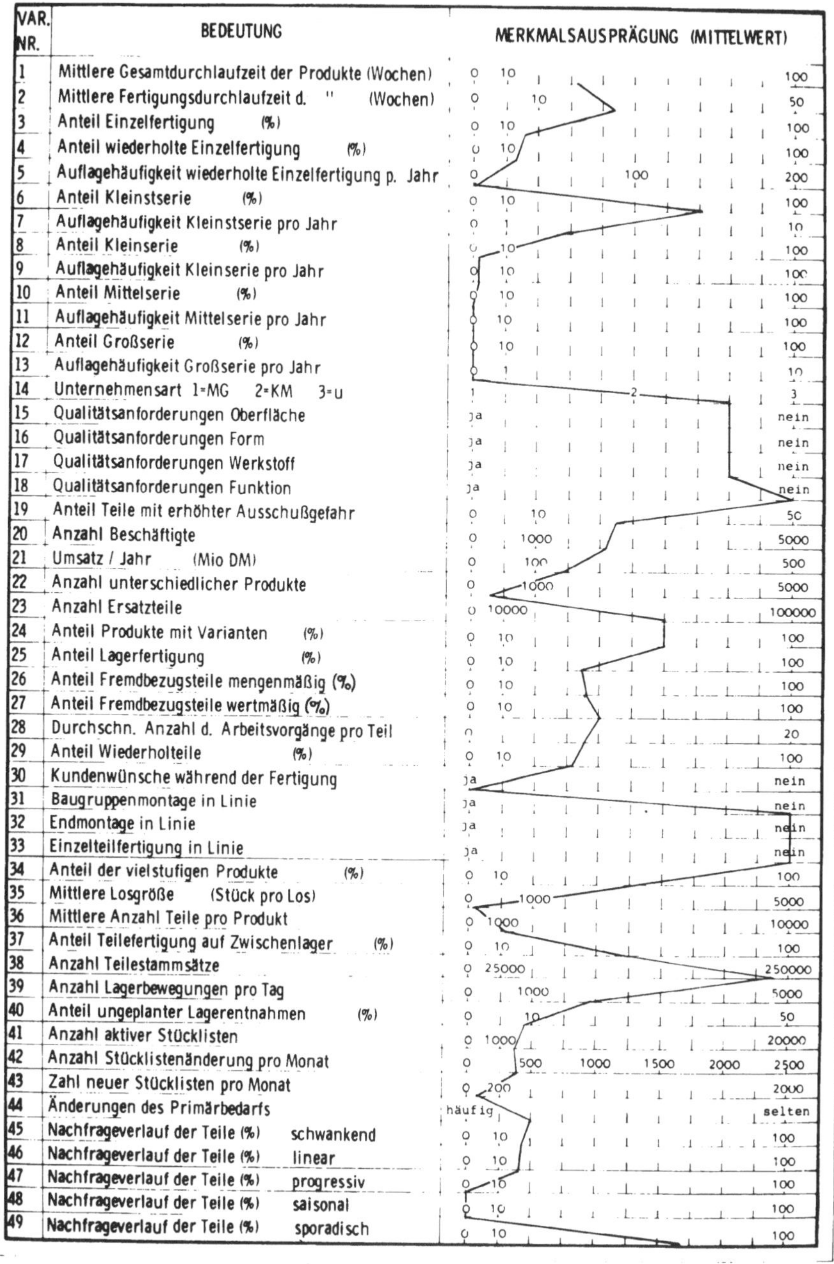

VAR. NR.	BEDEUTUNG	MERKMALSAUSPRÄGUNG (MITTELWERT)
1	Mittlere Gesamtdurchlaufzeit der Produkte (Wochen)	
2	Mittlere Fertigungsdurchlaufzeit d. " (Wochen)	
3	Anteil Einzelfertigung (%)	
4	Anteil wiederholte Einzelfertigung (%)	
5	Auflagehäufigkeit wiederholte Einzelfertigung p. Jahr	
6	Anteil Kleinstserie (%)	
7	Auflagehäufigkeit Kleinstserie pro Jahr	
8	Anteil Kleinserie (%)	
9	Auflagehäufigkeit Kleinserie pro Jahr	
10	Anteil Mittelserie (%)	
11	Auflagehäufigkeit Mittelserie pro Jahr	
12	Anteil Großserie (%)	
13	Auflagehäufigkeit Großserie pro Jahr	
14	Unternehmensart 1=MG 2=KM 3=u	
15	Qualitätsanforderungen Oberfläche	
16	Qualitätsanforderungen Form	
17	Qualitätsanforderungen Werkstoff	
18	Qualitätsanforderungen Funktion	
19	Anteil Teile mit erhöhter Ausschußgefahr	
20	Anzahl Beschäftigte	
21	Umsatz / Jahr (Mio DM)	
22	Anzahl unterschiedlicher Produkte	
23	Anzahl Ersatzteile	
24	Anteil Produkte mit Varianten (%)	
25	Anteil Lagerfertigung (%)	
26	Anteil Fremdbezugsteile mengenmäßig (%)	
27	Anteil Fremdbezugsteile wertmäßig (%)	
28	Durchschn. Anzahl d. Arbeitsvorgänge pro Teil	
29	Anteil Wiederholteile (%)	
30	Kundenwünsche während der Fertigung	
31	Baugruppenmontage in Linie	
32	Endmontage in Linie	
33	Einzelteilfertigung in Linie	
34	Anteil der vielstufigen Produkte (%)	
35	Mittlere Losgröße (Stück pro Los)	
36	Mittlere Anzahl Teile pro Produkt	
37	Anteil Teilefertigung auf Zwischenlager (%)	
38	Anzahl Teilestammsätze	
39	Anzahl Lagerbewegungen pro Tag	
40	Anteil ungeplanter Lagerentnahmen (%)	
41	Anzahl aktiver Stücklisten	
42	Anzahl Stücklistenänderung pro Monat	
43	Zahl neuer Stücklisten pro Monat	
44	Änderungen des Primärbedarfs	
45	Nachfrageverlauf der Teile (%) schwankend	
46	Nachfrageverlauf der Teile (%) linear	
47	Nachfrageverlauf der Teile (%) progressiv	
48	Nachfrageverlauf der Teile (%) saisonal	
49	Nachfrageverlauf der Teile (%) sporadisch	

MG=Muttergesellschaft   KM=Konzernmitglied   u=unabhängig

Tafel 4: Struktur des Betriebstyps 4

zu den M i t t e l b e t r i e b e n. Sie haben wie bei Typ 4
einen h o h e n A n t e i l K l e i n s t s e r i e , jedoch
mit der dreifachen Auflagehäufigkeit.
Die Fertigung der Erzeugnisse erfolgt zu über 70% k u n d e n -
a u f t r a g s b e z o g e n. Obwohl wie bei Typ 4 über 70%
der Produkte Varianten haben, ist die Zahl der Ersatzteile
hier aufgrund des hohen A n t e i l s a n W i e d e r h o l-
t e i l e n wesentlich geringer. Der höhere Wiederholungsgrad
zeigt sich auch in der Möglichkeit der F e r t i g u n g a u f
Z w i s c h e n l a g e r (80%). Trotz der prinzipiell möglichen
EDV-Unterstützung in allen Fertigungssteuerungsaufgaben, beschränkt sich die Anwendung auf Stücklistenorganisation, Bestandsführung und Verfügbarkeitskontrolle einerseits, sowie
Kapazitätsbelastungsübersicht und Kapazitätsabgleich andererseits.

Betriebstyp 6 (Tafel 6)

Hier handelt es sich um k l e i n e B e t r i e b e m i t
r u n d 3 0 0 B e s c h ä f t i g t e n, die ihre Erzeugnisse
in W e r k s t a t t f e r t i g u n g herstellen. Bezüglich
ihres Fertigungstyps sind sie nicht eindeutig zu beschreiben,
da die Erzeugnisstückzahlen zwischen 1 und 2000 schwanken.
Daß 7 0 % d e r T e i l e a u f Z w i s c h e n l a g e r
gefertigt werden, ist hier wohl weniger durch den relativ geringen Wiederholgrad als vielmehr durch den überwiegend saiso-
nalen Nachfrageverlauf bedingt. Das relativ g e r i n g e
M e n g e n g e r ü s t verbunden mit einer M i s c h u n g
a u s K u n d e n a u f t r a g s - u n d L a g e r f e r -
t i g u n g führt dazu, daß die gesamte Fertigungssteuerung
manuell und bis auf die Stücklistenorganisation ohne eindeutigen Rhythmus durchgeführt wird.

Betriebstyp 7 (Tafel 7)

Hierzu zählen G r o ß b e t r i e b e m i t ü b e r
3 0 0 0 B e s c h ä f t i g t e n, die ihre Erzeugnisse sowohl
kundenauftragsbezogen als auch auf Lager fertigen. Die End-
montage derselben erfolgt meist in Linie mit einer überwiegenden
Stückzahl von 200 - 2000 S t ü c k / A u f l a g e. Das Pro-

VAR. NR.	BEDEUTUNG	MERKMALSAUSPRÄGUNG (MITTELWERT)
1	Mittlere Gesamtdurchlaufzeit der Produkte (Wochen)	0 10 ... 100
2	Mittlere Fertigungsdurchlaufzeit d. " (Wochen)	0 ... 50
3	Anteil Einzelfertigung (%)	0 10 ... 100
4	Anteil wiederholte Einzelfertigung (%)	0 10 ... 100
5	Auflagehäufigkeit wiederholte Einzelfertigung p. Jahr	0 ... 100 ... 200
6	Anteil Kleinstserie (%)	0 10 ... 100
7	Auflagehäufigkeit Kleinstserie pro Jahr	0 1 ... 10
8	Anteil Kleinserie (%)	0 10 ... 100
9	Auflagehäufigkeit Kleinserie pro Jahr	0 10 ... 100
10	Anteil Mittelserie (%)	0 10 ... 100
11	Auflagehäufigkeit Mittelserie pro Jahr	0 10 ... 100
12	Anteil Großserie (%)	0 10 ... 100
13	Auflagehäufigkeit Großserie pro Jahr	0 1 ... 10
14	Unternehmensart 1=MG 2=KM 3=u	1 ... 2 ... 3
15	Qualitätsanforderungen Oberfläche	ja ... nein
16	Qualitätsanforderungen Form	ja ... nein
17	Qualitätsanforderungen Werkstoff	ja ... nein
18	Qualitätsanforderungen Funktion	ja ... nein
19	Anteil Teile mit erhöhter Ausschußgefahr	0 10 ... 50
20	Anzahl Beschäftigte	0 1000 ... 5000
21	Umsatz / Jahr (Mio DM)	0 100 ... 500
22	Anzahl unterschiedlicher Produkte	0 1000 ... 5000
23	Anzahl Ersatzteile	0 10000 ... 100000
24	Anteil Produkte mit Varianten (%)	0 10 ... 100
25	Anteil Lagerfertigung (%)	0 10 ... 100
26	Anteil Fremdbezugsteile mengenmäßig (%)	0 10 ... 100
27	Anteil Fremdbezugsteile wertmäßig (%)	0 10 ... 100
28	Durchschn. Anzahl d. Arbeitsvorgänge pro Teil	0 ... 20
29	Anteil Wiederholteile (%)	0 10 ... 100
30	Kundenwünsche während der Fertigung	ja ... nein
31	Baugruppenmontage in Linie	ja ... nein
32	Endmontage in Linie	ja ... nein
33	Einzelteilfertigung in Linie	ja ... nein
34	Anteil der vielstufigen Produkte (%)	0 10 ... 100
35	Mittlere Losgröße (Stück pro Los)	0 1000 ... 5000
36	Mittlere Anzahl Teile pro Produkt	0 1000 ... 10000
37	Anteil Teilefertigung auf Zwischenlager (%)	0 10 ... 100
38	Anzahl Teilestammsätze	0 25000 ... 250000
39	Anzahl Lagerbewegungen pro Tag	0 1000 ... 5000
40	Anteil ungeplanter Lagerentnahmen (%)	0 10 ... 50
41	Anzahl aktiver Stücklisten	0 1000 ... 20000
42	Anzahl Stücklistenänderung pro Monat	0 500 1000 1500 2000 2500
43	Zahl neuer Stücklisten pro Monat	0 200 ... 2000
44	Änderungen des Primärbedarfs	häufig ... selten
45	Nachfrageverlauf der Teile (%) schwankend	0 10 ... 100
46	Nachfrageverlauf der Teile (%) linear	0 10 ... 100
47	Nachfrageverlauf der Teile (%) progressiv	0 10 ... 100
48	Nachfrageverlauf der Teile (%) saisonal	0 10 ... 100
49	Nachfrageverlauf der Teile (%) sporadisch	0 10 ... 100

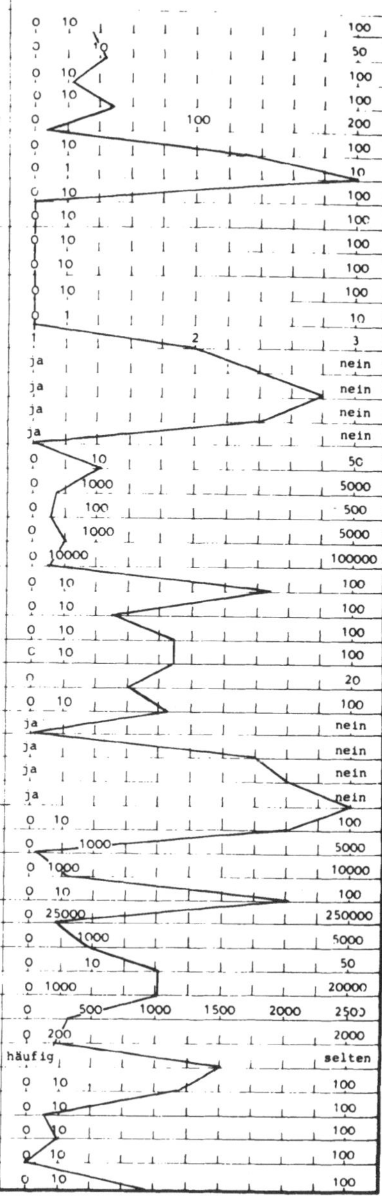

MG=Muttergesellschaft   KM=Konzernmitglied   u=unabhängig

Tafel 5: Struktur des Betriebstyps 5

VAR. NR.	BEDEUTUNG	MERKMALSAUSPRÄGUNG (MITTELWERT)
1	Mittlere Gesamtdurchlaufzeit der Produkte (Wochen)	0 ... 10 ... 100
2	Mittlere Fertigungsdurchlaufzeit d. " (Wochen)	0 ... 10 ... 50
3	Anteil Einzelfertigung (%)	0 ... 10 ... 100
4	Anteil wiederholte Einzelfertigung (%)	0 ... 10 ... 100
5	Auflagehäufigkeit wiederholte Einzelfertigung p. Jahr	0 ... 100 ... 200
6	Anteil Kleinstserie (%)	0 ... 10 ... 100
7	Auflagehäufigkeit Kleinstserie pro Jahr	0 ... 1 ... 10
8	Anteil Kleinserie (%)	0 ... 10 ... 100
9	Auflagehäufigkeit Kleinserie pro Jahr	0 ... 10 ... 100
10	Anteil Mittelserie (%)	0 ... 10 ... 100
11	Auflagehäufigkeit Mittelserie pro Jahr	0 ... 10 ... 100
12	Anteil Großserie (%)	0 ... 10 ... 100
13	Auflagehäufigkeit Großserie pro Jahr	0 ... 1 ... 10
14	Unternehmensart 1=MG 2=KM 3=u	1 ... 2 ... 3
15	Qualitätsanforderungen Oberfläche	ja ... nein
16	Qualitätsanforderungen Form	ja ... nein
17	Qualitätsanforderungen Werkstoff	ja ... nein
18	Qualitätsanforderungen Funktion	ja ... nein
19	Anteil Teile mit erhöhter Ausschußgefahr	0 ... 10 ... 50
20	Anzahl Beschäftigte	0 ... 1000 ... 5000
21	Umsatz / Jahr (Mio DM)	0 ... 100 ... 500
22	Anzahl unterschiedlicher Produkte	0 ... 1000 ... 5000
23	Anzahl Ersatzteile	0 ... 10000 ... 100000
24	Anteil Produkte mit Varianten (%)	0 ... 10 ... 100
25	Anteil Lagerfertigung (%)	0 ... 10 ... 100
26	Anteil Fremdbezugsteile mengenmäßig (%)	0 ... 10 ... 100
27	Anteil Fremdbezugsteile wertmäßig (%)	0 ... 10 ... 100
28	Durchschn. Anzahl d. Arbeitsvorgänge pro Teil	0 ... 1 ... 20
29	Anteil Wiederholteile (%)	0 ... 10 ... 100
30	Kundenwünsche während der Fertigung	ja ... nein
31	Baugruppenmontage in Linie	ja ... nein
32	Endmontage in Linie	ja ... nein
33	Einzelteilfertigung in Linie	ja ... nein
34	Anteil der vielstufigen Produkte (%)	0 ... 10 ... 100
35	Mittlere Losgröße (Stück pro Los)	0 ... 1000 ... 5000
36	Mittlere Anzahl Teile pro Produkt	0 ... 1000 ... 10000
37	Anteil Teilefertigung auf Zwischenlager (%)	0 ... 10 ... 100
38	Anzahl Teilestammsätze	0 ... 25000 ... 250000
39	Anzahl Lagerbewegungen pro Tag	0 ... 1000 ... 5000
40	Anteil ungeplanter Lagerentnahmen (%)	0 ... 10 ... 50
41	Anzahl aktiver Stücklisten	0 ... 1000 ... 20000
42	Anzahl Stücklistenänderung pro Monat	0 ... 500 ... 1000 ... 1500 ... 2000 ... 2500
43	Zahl neuer Stücklisten pro Monat	0 ... 200 ... 2000
44	Änderungen des Primärbedarfs	häufig ... selten
45	Nachfrageverlauf der Teile (%) schwankend	0 ... 10 ... 100
46	Nachfrageverlauf der Teile (%) linear	0 ... 10 ... 100
47	Nachfrageverlauf der Teile (%) progressiv	0 ... 10 ... 100
48	Nachfrageverlauf der Teile (%) saisonal	0 ... 10 ... 100
49	Nachfrageverlauf der Teile (%) sporadisch	0 ... 10 ... 100

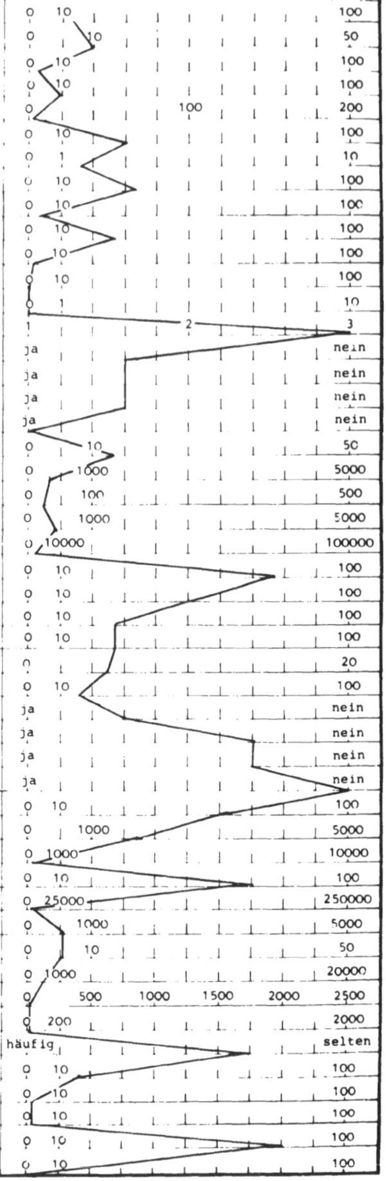

MG=Muttergesellschaft   KM=Konzernmitglied   u=unabhängig

Tafel 6: Struktur des Betriebstyps 6

duktspektrum ist sehr breitgefächert, was in Verbindung mit dem
Anteil an Varianten zu einer großen Teilevielfalt führen müßte.
Aufgrund des mit 40% hohen Anteils an Wiederholteilen hält sich
diese jedoch in Grenzen (ca. 60 000 unterschiedliche Teile).
Das u m f a n g r e i c h e   M e n g e n g e r ü s t, der
d e u t l i c h e   S e r i e n c h a r a k t e r, sowie die
Tatsache daß die Betriebe dieses Typs K o n z e r n m i t -
g l i e d e r sind, lassen einen umfangreichen EDV-Einsatz
erwarten. So laufen denn auch mit Ausnahme der Lagerhaltungs-
politik alle Fertigungssteuerungsaufgaben EDV-unterstützt ab.
Für Aufgaben der Grunddatenverwaltung, der Bestandsführung
und Verfügbarkeitskontrolle gilt der tägliche Rhythmus. Die
Beschaffungsaufgaben werden monatlich, die Termin- und
Kapazitätsplanung wöchentlich durchgeführt.

Betriebstyp 8 (Tafel 8)
Hervorstechendes Merkmal ist hier der h o h e   A n t e i l
a n   G r o ß s e r i e n f e r t i g u n g (über 2000 Stück/
Auflage). Die eigentliche Fertigung erfolgt zwar nach dem
Werkstattprinzip, B a u g r u p p e n - und E n d e r z e u g -
n i s s e werden jedoch i n   L i n i e   m o n t i e r t.
Kundenwünsche werden im Gegensatz zu den bisher beschriebenen
Typen während des Fertigungsablaufs kaum noch berücksichtigt.
Die zu verarbeitende Datenmenge ist bei diesen Unternehmen
manuell nicht zu bewältigen, sodaß die Fertigungssteuerungs-
aufgaben ausnahmslos EDV-unterstützt abgewickelt werden.
Stücklistenorganisation und Bestellrechnung laufen sogar im
Dialog mit dem Rechner ab.

Betriebstyp 9 (Tafel 9)
Bezeichnend für Betriebe dieses Typs ist der hohe Anteil
k u n d e n a u f t r a g s b e z o g e n e r   E i n z e l -
f e r t i g u n g. Es sind Betriebe mit ü b e r   2 0 0 0
B e s c h ä f t i g t e n, die wirtschaftlich und rechtlich
selbständig sind. Mit Ausnahme der Lagerhaltungspolitik sowie
der Reihenfolgeplanung läuft die Fertigungssteuerung EDV-
unterstützt ab. Bei den meisten Aufgaben der Materialbewirtschaftung liegt der Durchführungsrhythmus bei 14 Tagen, bei

VAR. NR.	BEDEUTUNG	MERKMALSAUSPRÄGUNG (MITTELWERT)
1	Mittlere Gesamtdurchlaufzeit der Produkte (Wochen)	0 — 10 … 100
2	Mittlere Fertigungsdurchlaufzeit d. " (Wochen)	0 — 10 … 50
3	Anteil Einzelfertigung (%)	0 — 10 … 100
4	Anteil wiederholte Einzelfertigung (%)	0 — 10 … 100
5	Auflagehäufigkeit wiederholte Einzelfertigung p. Jahr	0 … 100 … 200
6	Anteil Kleinstserie (%)	0 — 10 … 100
7	Auflagehäufigkeit Kleinstserie pro Jahr	0 — 1 … 10
8	Anteil Kleinserie (%)	0 — 10 … 100
9	Auflagehäufigkeit Kleinserie pro Jahr	0 — 10 … 100
10	Anteil Mittelserie (%)	0 — 10 … 100
11	Auflagehäufigkeit Mittelserie pro Jahr	0 — 10 … 100
12	Anteil Großserie (%)	0 — 10 … 100
13	Auflagehäufigkeit Großserie pro Jahr	0 — 1 … 10
14	Unternehmensart 1=MG 2=KM 3=u	1 … 2 … 3
15	Qualitätsanforderungen Oberfläche	ja … nein
16	Qualitätsanforderungen Form	ja … nein
17	Qualitätsanforderungen Werkstoff	ja … nein
18	Qualitätsanforderungen Funktion	ja … nein
19	Anteil Teile mit erhöhter Ausschußgefahr	0 — 10 … 50
20	Anzahl Beschäftigte	0 — 1000 … 5000
21	Umsatz / Jahr (Mio DM)	0 — 100 … 500
22	Anzahl unterschiedlicher Produkte	0 — 1000 … 5000
23	Anzahl Ersatzteile	0 — 10000 … 100000
24	Anteil Produkte mit Varianten (%)	0 — 10 … 100
25	Anteil Lagerfertigung (%)	0 — 10 … 100
26	Anteil Fremdbezugsteile mengenmäßig (%)	0 — 10 … 100
27	Anteil Fremdbezugsteile wertmäßig (%)	0 — 10 … 100
28	Durchschn. Anzahl d. Arbeitsvorgänge pro Teil	0 … 20
29	Anteil Wiederholteile (%)	0 — 10 … 100
30	Kundenwünsche während der Fertigung	ja … nein
31	Baugruppenmontage in Linie	ja … nein
32	Endmontage in Linie	ja … nein
33	Einzelteilfertigung in Linie	ja … nein
34	Anteil der vielstufigen Produkte (%)	0 — 10 … 100
35	Mittlere Losgröße (Stück pro Los)	0 — 1000 … 5000
36	Mittlere Anzahl Teile pro Produkt	0 — 1000 … 10000
37	Anteil Teilefertigung auf Zwischenlager (%)	0 — 10 … 100
38	Anzahl Teilestammsätze	0 — 25000 … 250000
39	Anzahl Lagerbewegungen pro Tag	0 — 1000 … 5000
40	Anteil ungeplanter Lagerentnahmen (%)	0 — 10 … 50
41	Anzahl aktiver Stücklisten	0 — 1000 … 20000
42	Anzahl Stücklistenänderung pro Monat	0 — 500 — 1000 — 1500 — 2000 — 2500
43	Zahl neuer Stücklisten pro Monat	0 — 200 … 2000
44	Änderungen des Primärbedarfs	häufig … selten
45	Nachfrageverlauf der Teile (%) schwankend	0 — 10 … 100
46	Nachfrageverlauf der Teile (%) linear	0 — 10 … 100
47	Nachfrageverlauf der Teile (%) progressiv	0 — 10 … 100
48	Nachfrageverlauf der Teile (%) saisonal	0 — 10 … 100
49	Nachfrageverlauf der Teile (%) sporadisch	0 — 10 … 100

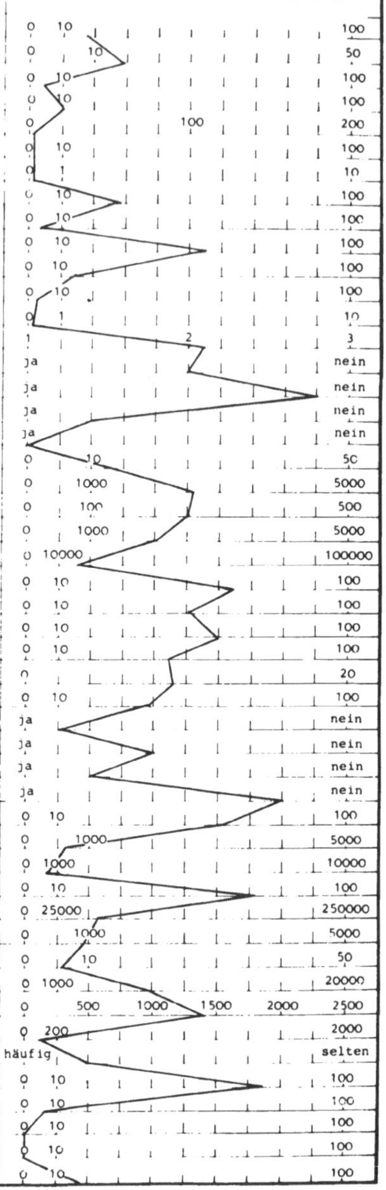

MG=Muttergesellschaft   KM=Konzernmitglied   u=unabhängig

Tafel 7: Struktur des Betriebstyps 7

VAR. NR.	BEDEUTUNG	MERKMALSAUSPRÄGUNG (MITTELWERT)
1	Mittlere Gesamtdurchlaufzeit der Produkte (Wochen)	0 10 ... 100
2	Mittlere Fertigungsdurchlaufzeit d. '' (Wochen)	0 10 ... 50
3	Anteil Einzelfertigung (%)	0 10 ... 100
4	Anteil wiederholte Einzelfertigung (%)	0 10 ... 100
5	Auflagehäufigkeit wiederholte Einzelfertigung p. Jahr	0 ... 100 ... 200
6	Anteil Kleinstserie (%)	0 10 ... 100
7	Auflagehäufigkeit Kleinstserie pro Jahr	0 1 ... 10
8	Anteil Kleinserie (%)	0 10 ... 100
9	Auflagehäufigkeit Kleinserie pro Jahr	0 10 ... 100
10	Anteil Mittelserie (%)	0 10 ... 100
11	Auflagehäufigkeit Mittelserie pro Jahr	0 10 ... 100
12	Anteil Großserie (%)	0 10 ... 100
13	Auflagehäufigkeit Großserie pro Jahr	0 1 ... 10
14	Unternehmensart 1=MG 2=KM 3=u	1 ... 2 ... 3
15	Qualitätsanforderungen Oberfläche	ja ... nein
16	Qualitätsanforderungen Form	ja ... nein
17	Qualitätsanforderungen Werkstoff	ja ... nein
18	Qualitätsanforderungen Funktion	ja ... nein
19	Anteil Teile mit erhöhter Ausschußgefahr	0 10 ... 50
20	Anzahl Beschäftigte	0 1000 ... 5000
21	Umsatz / Jahr (Mio DM)	0 100 ... 500
22	Anzahl unterschiedlicher Produkte	0 1000 ... 5000
23	Anzahl Ersatzteile	0 10000 ... 100000
24	Anteil Produkte mit Varianten (%)	0 10 ... 100
25	Anteil Lagerfertigung (%)	0 10 ... 100
26	Anteil Fremdbezugsteile mengenmäßig (%)	0 10 ... 100
27	Anteil Fremdbezugsteile wertmäßig (%)	0 10 ... 100
28	Durchschn. Anzahl d. Arbeitsvorgänge pro Teil	0 ... 20
29	Anteil Wiederholteile (%)	0 10 ... 100
30	Kundenwünsche während der Fertigung	ja ... nein
31	Baugruppenmontage in Linie	ja ... nein
32	Endmontage in Linie	ja ... nein
33	Einzelteilfertigung in Linie	ja ... nein
34	Anteil der vielstufigen Produkte (%)	0 10 ... 100
35	Mittlere Losgröße (Stück pro Los)	0 1000 ... 5000
36	Mittlere Anzahl Teile pro Produkt	0 1000 ... 10000
37	Anteil Teilefertigung auf Zwischenlager (%)	0 10 ... 100
38	Anzahl Teilestammsätze	0 25000 ... 250000
39	Anzahl Lagerbewegungen pro Tag	0 1000 ... 5000
40	Anteil ungeplanter Lagerentnahmen (%)	0 10 ... 50
41	Anzahl aktiver Stücklisten	0 1000 ... 20000
42	Anzahl Stücklistenänderung pro Monat	0 500 1000 1500 2000 2500
43	Zahl neuer Stücklisten pro Monat	0 200 ... 2000
44	Änderungen des Primärbedarfs	häufig ... selten
45	Nachfrageverlauf der Teile (%) schwankend	0 10 ... 100
46	Nachfrageverlauf der Teile (%) linear	0 10 ... 100
47	Nachfrageverlauf der Teile (%) progressiv	0 10 ... 100
48	Nachfrageverlauf der Teile (%) saisonal	0 10 ... 100
49	Nachfrageverlauf der Teile (%) sporadisch	0 10 ... 100

MG=Muttergesellschaft   KM=Konzernmitglied   u=unabhängig

Tafel 8: Struktur des Betriebstyps 8

der terminlichen und kapazitiven Auftragsabwicklung bei 1
Woche.

<u>Betriebstyp 10</u> (Tafel 10)

Der Fertigungstyp dieser Betriebe ist geprägt durch E i n z e l -,
w i e d e r h o l t e   E i n z e l -, und M i t t e l s e r i e n -
f e r t i g u n g mit der relativ niedrigen Fertigungsdurchlaufzeit von 5 Wochen. Die Betriebsgröße liegt bei 1 5 0 0   B e -
s c h ä f t i g t e n. Der Anteil ungeplanter Lagerentnahmen
ist bedingt durch den hohen Anteil an Teilen mit schwankendem
oder sporadischem Nachfrageverlauf ungewöhnlich hoch. Die
Schwierigkeiten bei der Materialbewirtschaftung einerseits,
sowie die kurzen Fertigungsdurchlaufzeiten andererseits
führen dazu, daß für Aufgaben der Materialbewirtschaftung
mit Ausnahme der Stücklistenorganisation EDV eingesetzt wird,
während die Aufgaben der Termin- und Kapazitätsplanung manuell
durchgeführt werden.

VAR. NR.	BEDEUTUNG	MERKMALSAUSPRÄGUNG (MITTELWERT)		
1	Mittlere Gesamtdurchlaufzeit der Produkte (Wochen)	0	10	100
2	Mittlere Fertigungsdurchlaufzeit d. " (Wochen)	0	10	50
3	Anteil Einzelfertigung (%)	0	10	100
4	Anteil wiederholte Einzelfertigung (%)	0	10	100
5	Auflagehäufigkeit wiederholte Einzelfertigung p. Jahr	0	100	200
6	Anteil Kleinstserie (%)	0	10	100
7	Auflagehäufigkeit Kleinstserie pro Jahr	0	1	10
8	Anteil Kleinserie (%)	0	10	100
9	Auflagehäufigkeit Kleinserie pro Jahr	0	10	100
10	Anteil Mittelserie (%)	0	10	100
11	Auflagehäufigkeit Mittelserie pro Jahr	0	10	100
12	Anteil Großserie (%)	0	10	100
13	Auflagehäufigkeit Großserie pro Jahr	0	1	10
14	Unternehmensart 1=MG 2=KM 3=u	1	2	3
15	Qualitätsanforderungen Oberfläche	ja		nein
16	Qualitätsanforderungen Form	ja		nein
17	Qualitätsanforderungen Werkstoff	ja		nein
18	Qualitätsanforderungen Funktion	ja		nein
19	Anteil Teile mit erhöhter Ausschußgefahr	0	10	50
20	Anzahl Beschäftigte	0	1000	5000
21	Umsatz / Jahr (Mio DM)	0	100	500
22	Anzahl unterschiedlicher Produkte	0	1000	5000
23	Anzahl Ersatzteile	0	10000	100000
24	Anteil Produkte mit Varianten (%)	0	10	100
25	Anteil Lagerfertigung (%)	0	10	100
26	Anteil Fremdbezugsteile mengenmäßig (%)	0	10	100
27	Anteil Fremdbezugsteile wertmäßig (%)	0	10	100
28	Durchschn. Anzahl d. Arbeitsvorgänge pro Teil	0		20
29	Anteil Wiederholteile (%)	0	10	100
30	Kundenwünsche während der Fertigung	ja		nein
31	Baugruppenmontage in Linie	ja		nein
32	Endmontage in Linie	ja		nein
33	Einzelteilfertigung in Linie	ja		nein
34	Anteil der vielstufigen Produkte (%)	0	10	100
35	Mittlere Losgröße (Stück pro Los)	0	1000	5000
36	Mittlere Anzahl Teile pro Produkt	0	1000	10000
37	Anteil Teilefertigung auf Zwischenlager (%)	0	10	100
38	Anzahl Teilestammsätze	0	25000	250000
39	Anzahl Lagerbewegungen pro Tag	0	1000	5000
40	Anteil ungeplanter Lagerentnahmen (%)	0	10	50
41	Anzahl aktiver Stücklisten	0	1000	20000
42	Anzahl Stücklistenänderung pro Monat	0	500 1000 1500 2000	2500
43	Zahl neuer Stücklisten pro Monat	0	200	2000
44	Änderungen des Primärbedarfs	häufig		selten
45	Nachfrageverlauf der Teile (%) schwankend	0	10	100
46	Nachfrageverlauf der Teile (%) linear	0	10	100
47	Nachfrageverlauf der Teile (%) progressiv	0	10	100
48	Nachfrageverlauf der Teile (%) saisonal	0	10	100
49	Nachfrageverlauf der Teile (%) sporadisch	0	10	100

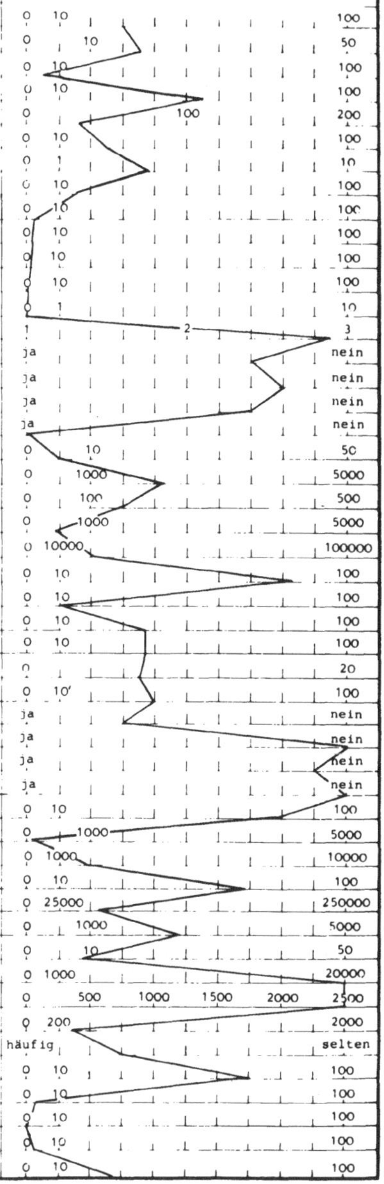

MG=Muttergesellschaft   KM=Konzernmitglied   u=unabhängig

Tafel 9: Struktur des Betriebstyps 9

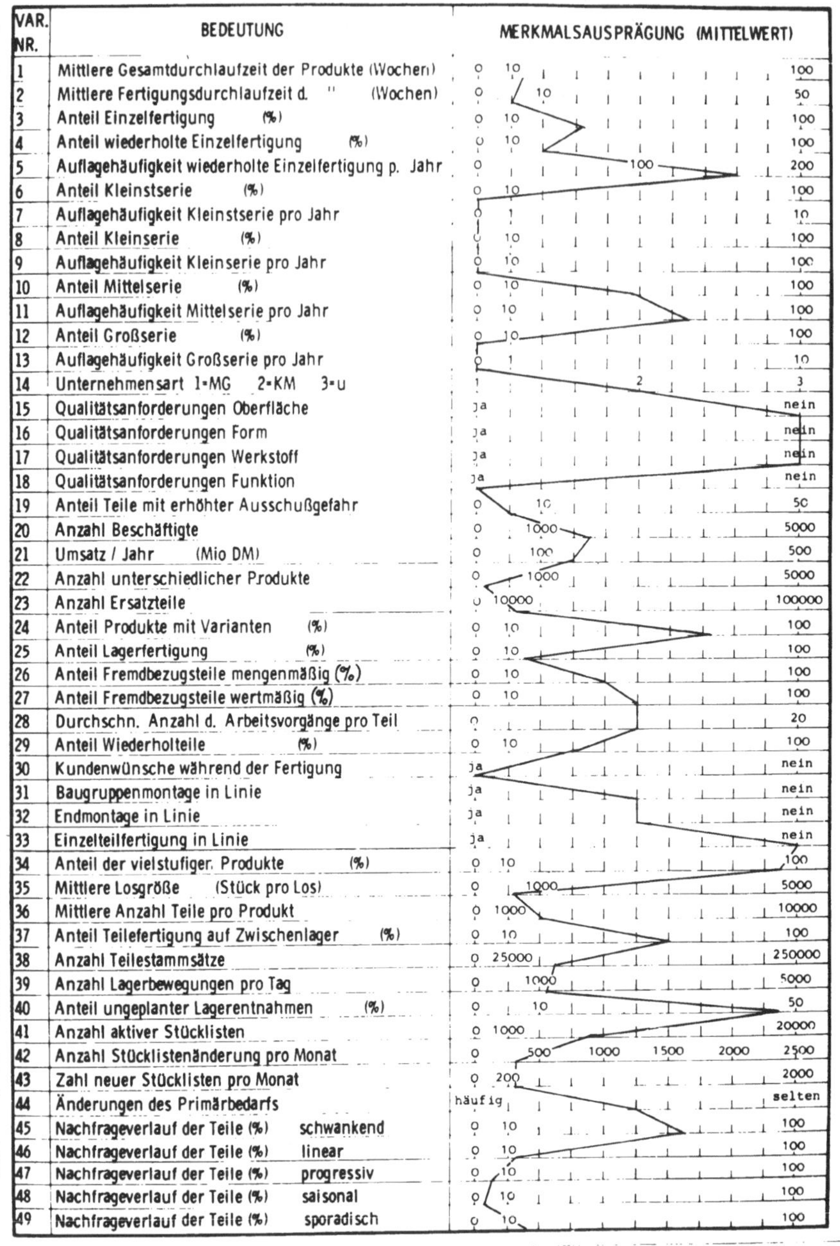

VAR. NR.	BEDEUTUNG	MERKMALSAUSPRÄGUNG (MITTELWERT)
1	Mittlere Gesamtdurchlaufzeit der Produkte (Wochen)	0 ... 10 ... 100
2	Mittlere Fertigungsdurchlaufzeit d. " (Wochen)	0 ... 10 ... 50
3	Anteil Einzelfertigung (%)	0 ... 10 ... 100
4	Anteil wiederholte Einzelfertigung (%)	0 ... 10 ... 100
5	Auflagehäufigkeit wiederholte Einzelfertigung p. Jahr	0 ... 100 ... 200
6	Anteil Kleinstserie (%)	0 ... 10 ... 100
7	Auflagehäufigkeit Kleinstserie pro Jahr	0 ... 1 ... 10
8	Anteil Kleinserie (%)	0 ... 10 ... 100
9	Auflagehäufigkeit Kleinserie pro Jahr	0 ... 10 ... 100
10	Anteil Mittelserie (%)	0 ... 10 ... 100
11	Auflagehäufigkeit Mittelserie pro Jahr	0 ... 10 ... 100
12	Anteil Großserie (%)	0 ... 10 ... 100
13	Auflagehäufigkeit Großserie pro Jahr	0 ... 1 ... 10
14	Unternehmensart 1=MG 2=KM 3=u	1 ... 2 ... 3
15	Qualitätsanforderungen Oberfläche	ja ... nein
16	Qualitätsanforderungen Form	ja ... nein
17	Qualitätsanforderungen Werkstoff	ja ... nein
18	Qualitätsanforderungen Funktion	ja ... nein
19	Anteil Teile mit erhöhter Ausschußgefahr	0 ... 10 ... 50
20	Anzahl Beschäftigte	0 ... 1000 ... 5000
21	Umsatz / Jahr (Mio DM)	0 ... 100 ... 500
22	Anzahl unterschiedlicher Produkte	0 ... 1000 ... 5000
23	Anzahl Ersatzteile	0 ... 10000 ... 100000
24	Anteil Produkte mit Varianten (%)	0 ... 10 ... 100
25	Anteil Lagerfertigung (%)	0 ... 10 ... 100
26	Anteil Fremdbezugsteile mengenmäßig (%)	0 ... 10 ... 100
27	Anteil Fremdbezugsteile wertmäßig (%)	0 ... 10 ... 100
28	Durchschn. Anzahl d. Arbeitsvorgänge pro Teil	0 ... 20
29	Anteil Wiederholteile (%)	0 ... 10 ... 100
30	Kundenwünsche während der Fertigung	ja ... nein
31	Baugruppenmontage in Linie	ja ... nein
32	Endmontage in Linie	ja ... nein
33	Einzelteilfertigung in Linie	ja ... nein
34	Anteil der vielstufigen Produkte (%)	0 ... 10 ... 100
35	Mittlere Losgröße (Stück pro Los)	0 ... 1000 ... 5000
36	Mittlere Anzahl Teile pro Produkt	0 ... 1000 ... 10000
37	Anteil Teilefertigung auf Zwischenlager (%)	0 ... 10 ... 100
38	Anzahl Teilestammsätze	0 ... 25000 ... 250000
39	Anzahl Lagerbewegungen pro Tag	0 ... 1000 ... 5000
40	Anteil ungeplanter Lagerentnahmen (%)	0 ... 10 ... 50
41	Anzahl aktiver Stücklisten	0 ... 1000 ... 20000
42	Anzahl Stücklistenänderung pro Monat	0 ... 500 ... 1000 ... 1500 ... 2000 ... 2500
43	Zahl neuer Stücklisten pro Monat	0 ... 200 ... 2000
44	Änderungen des Primärbedarfs	häufig ... selten
45	Nachfrageverlauf der Teile (%) schwankend	0 ... 10 ... 100
46	Nachfrageverlauf der Teile (%) linear	0 ... 10 ... 100
47	Nachfrageverlauf der Teile (%) progressiv	0 ... 10 ... 100
48	Nachfrageverlauf der Teile (%) saisonal	0 ... 10 ... 100
49	Nachfrageverlauf der Teile (%) sporadisch	0 ... 10 ... 100

MG=Muttergesellschaft   KM=Konzernmitglied   u=unabhängig

Tafel 10: Struktur des Betriebstyps 10

Die Anwendung des typologischen Betriebsvergleichs
läuft entsprechend den in Bild 4o dargestellten Schritten ab.

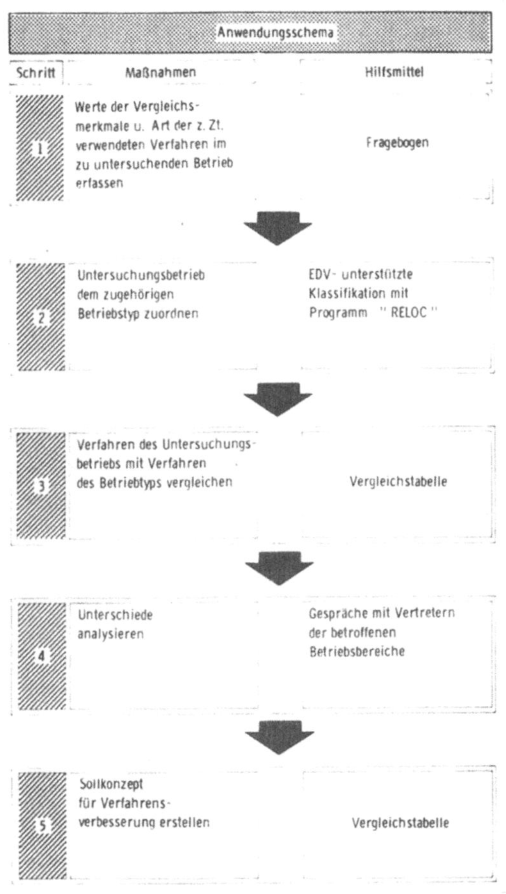

Bild 40: Vorgehensweise bei der Anwendung des
typologischen Betriebsvergleichs

Im <u>ersten Schritt</u> werden im zu untersuchenden Betrieb mit
Hilfe eines Fragebogens (s.Anhang) die im Rahmen dieser
Arbeit als Typisierungsmerkmale ermittelten Betriebseigen-
schaften sowie die eingesetzten Hilfsmittel mit den jeweiligen Durchführungshäufigkeiten aufgabenbezogen erfaßt. Der
Fragebogen ist bereits so gestaltet, daß er als Ablochvor-
lage für die EDV-mäßige Verarbeitung geeignet ist.

Die Datenerhebung erfolgt in diesem Schritt durch Einzel-
erhebung vor Ort durch persönliche Befragung der zuständigen
Mitarbeiter.

Daran anschließend erfolgt im <u>zweiten Schritt</u> auf der Grundlage der erfaßten Merkmale die Zuordnung des Untersuchungsbetriebs zum zugehörigen der 1o Betriebstypen. Hierzu wird
das bereits in Abschnitt 6.4.3 angesprochene Iterationsverfahren verwendet, wobei der Untersuchungsbetrieb als eigen-
ständiger Typ 11 zu den bereits festgelegten 1o Typen hinzu-
kommt.

Der nachstehend beschriebene Anwendungsfall erläutert die Anwendung der entwickelten Vorgehensweise zum betriebstypologischen Betriebsvergleich in einem Unternehmen, das Zuliefer-
teile für die Kraftfahrzeugindustrie herstellt. Die Ausprägung der erfaßten Typisierungsmerkmale zeigt Tafel 11
(gestrichelter Verlauf).

Die Zuordnung dieses Unternehmens zu den im Rahmen dieser
Arbeit ermittelten Betriebstypen bleibt nach 3 Iterations-
schritten stabil. Der Untersuchungsbetrieb wird bereits im
ersten Iterationsschritt dem Typ 8 zugeordnet und verbleibt
dort auch während der weiteren Iterationsversuche. Die Ähnlichkeit des Untersuchungsbetriebs mit den Betrieben des
Typs 8 ist in Tabelle 11 deutlich erkennbar. Auch die Tatsache, daß sich der durchschnittliche Fehlerquadratzuwachs
(Bild 39, 3. Spalte) des Typs 8 von 3,84 auf 3,12 verringert,
zeigt, daß der Untersuchungsbetrieb - der selbst einen Fehlerquadratzuwachs von 1,57 bei der Zuordnung verursacht -
hinsichtlich der Typisierungsmerkmale sehr gut mit den Betrieben des Typs 8 übereinstimmt.

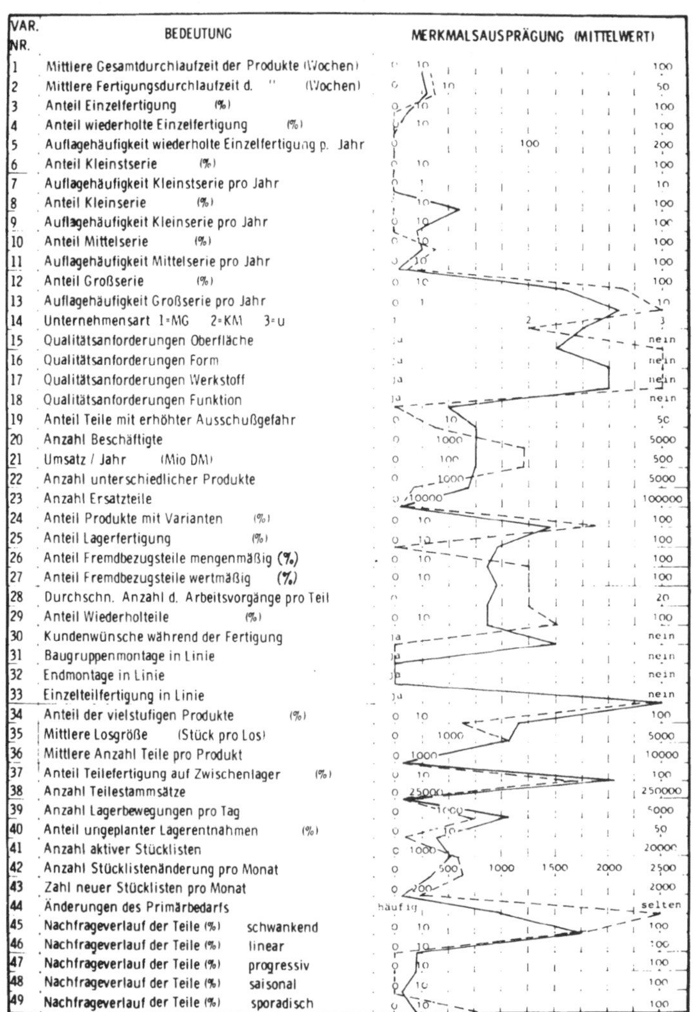

VAR. NR.	BEDEUTUNG	MERKMALSAUSPRÄGUNG (MITTELWERT)
1	Mittlere Gesamtdurchlaufzeit der Produkte (Wochen)	
2	Mittlere Fertigungsdurchlaufzeit d. " (Wochen)	
3	Anteil Einzelfertigung (%)	
4	Anteil wiederholte Einzelfertigung (%)	
5	Auflagehäufigkeit wiederholte Einzelfertigung p. Jahr	
6	Anteil Kleinstserie (%)	
7	Auflagehäufigkeit Kleinstserie pro Jahr	
8	Anteil Kleinserie (%)	
9	Auflagehäufigkeit Kleinserie pro Jahr	
10	Anteil Mittelserie (%)	
11	Auflagehäufigkeit Mittelserie pro Jahr	
12	Anteil Großserie (%)	
13	Auflagehäufigkeit Großserie pro Jahr	
14	Unternehmensart 1=MG 2=KM 3=u	
15	Qualitätsanforderungen Oberfläche	
16	Qualitätsanforderungen Form	
17	Qualitätsanforderungen Werkstoff	
18	Qualitätsanforderungen Funktion	
19	Anteil Teile mit erhöhter Ausschußgefahr	
20	Anzahl Beschäftigte	
21	Umsatz / Jahr (Mio DM)	
22	Anzahl unterschiedlicher Produkte	
23	Anzahl Ersatzteile	
24	Anteil Produkte mit Varianten (%)	
25	Anteil Lagerfertigung (%)	
26	Anteil Fremdbezugsteile mengenmäßig (%)	
27	Anteil Fremdbezugsteile wertmäßig (%)	
28	Durchschn. Anzahl d. Arbeitsvorgänge pro Teil	
29	Anteil Wiederholteile (%)	
30	Kundenwünsche während der Fertigung	
31	Baugruppenmontage in Linie	
32	Endmontage in Linie	
33	Einzelteilfertigung in Linie	
34	Anteil der vielstufigen Produkte (%)	
35	Mittlere Losgröße (Stück pro Los)	
36	Mittlere Anzahl Teile pro Produkt	
37	Anteil Teilefertigung auf Zwischenlager (%)	
38	Anzahl Teilestammsätze	
39	Anzahl Lagerbewegungen pro Tag	
40	Anteil ungeplanter Lagerentnahmen (%)	
41	Anzahl aktiver Stücklisten	
42	Anzahl Stücklistenänderung pro Monat	
43	Zahl neuer Stücklisten pro Monat	
44	Änderungen des Primärbedarfs	
45	Nachfrageverlauf der Teile (%) schwankend	
46	Nachfrageverlauf der Teile (%) linear	
47	Nachfrageverlauf der Teile (%) progressiv	
48	Nachfrageverlauf der Teile (%) saisonal	
49	Nachfrageverlauf der Teile (%) sporadisch	

MG=Muttergesellschaft   KM=Konzernmitglied   u=unabhängig

--- Untersuchungsbetrieb

——— Typbetriebe 8

Tafel 11: Vergleichende Gegenüberstellung der Strukturmerkmale von Typ 8 und zugeordnetem Untersuchungsbetrieb

Nachdem auf diese Weise die Vergleichbarkeit der Betriebe
sichergestellt ist, können im <u>dritten Schritt</u> die im Bereich
der Materialbewirtschaftung und Auftragsabwicklung eingesetzten Verfahren von Untersuchungsbetrieb und Typ einander gegenübergestellt werden, wie dies in Bild 41 dargestellt ist.

Die vorgefundenen Unterschiede betreffen hier bezüglich der
<u>Hilfsmittel</u> die Aufgaben

- Stücklistenorganisation
- Verfügbarkeitskontrolle
- Bestellrechnung
- Kapazitätsabgleich und
- Reihenfolgeplanung

Aufgaben	Durchführungsrhythmus							Art des Hilfsmittels			
	1/2-jährlich	1/4-jährlich	monatlich	14-tägig	wöchentlich	täglich	bei Bedarf	manuell	Magnetkontencomputer	EDV(Stapelverarbeitung)	EDV(Dialogverarbeitung)
Stücklistenorganisation					⊗					X	●
Bestandsführung					X	●				⊗	
Verfügbarkeitskontrolle					X	●		X		●	
Bruttobedarfsermittlung			●	X						⊗	
Nettobedarfsermittlung			●	X						⊗	
Bestellrechnung						●				X	●
Lagerhaltungspolitik											
Arbeitsplanorganisation					⊗					⊗	
Durchlaufterminierung				X	●					⊗	
Kapazitätsbelastungsübersicht			⊗							⊗	
Kapazitätsabgleich			⊗					X		●	
Reihenfolgeplanung			⊗					X		●	

X Untersuchungsbetrieb
● Typ.   Verfahrensvergleich von Typ und Untersuchungsbetrieb
(⊗ = X und ● am selben Ort)

Bild 41: Gegenüberstellung der Verfahren von
Typ und Untersuchungsbetrieb

und bezüglich des _Durchführungsrhythmus_ die Aufgaben

- Bestandsführung
- Verfügbarkeitskontrolle
- Bruttobedarfsermittlung
- Nettobedarfsermittlung und
- Durchlaufterminierung.

Dabei ist erkennbar, daß die Typbetriebe in stärkerem Maße
die elektronische Datenverarbeitung für Aufgaben der Materialbewirtschaftung und Auftragsabwicklung einsetzen, als der
Untersuchungsbetrieb. Neben Aufgaben, die der Untersuchungsbetrieb im Gegensatz zu den Typbetrieben noch manuell aus-
führt (Verfügbarkeitskontrolle, Reihenfolgeplanung) zeigen
sich auch noch Unterschiede in der Art der EDV-Unterstützung.
So werden Stücklistenorganisation und Bestellrechnung bei
den Typbetrieben dialogunterstützt durchgeführt.

Die festgestellten Unterschiede sind Grundlage und Ansatzpunkte für eine detailliertere Analyse, die in Form von Ge-
sprächen mit Vertretern der betroffenen Betriebs- bzw. Auf-
gabenbereiche im _vierten Schritt_ vorgenommen werden muß. Im
vorliegenden Anwendungsfall ergaben sich bezüglich der _Hilfs-_
mittel folgende Aussagen:

STÜCKLISTENORGANISATION

Ist-Zustand: Der steigenden Anzahl der Stücklistenänderungen
und -neuerstellungen wurde bisher mit Aufstockung der Personalkapazität begegnet. Die Stapelverarbeitung mit der damit
verbundenen Belegerfassung und anschließendem Ablochen im
Lochsaal führte häufig zu Fehlern in den Stücklisten.

Konsequenz: Es wurde vorgesehen, durch eine Wirtschaftlichkeits-
rechnung im Detail zu klären, welche Kosteneinsparungen durch
Dialogunterstützung zu erwarten sind.

BESTANDSFÜHRUNG/VERFÜGBARKEITSKONTROLLE

Ist-Zustand: Die Verfügbarkeitskontrolle erfolgte manuell
durch körperliche Sichtprüfung in gleichem Rhythmus wie die
EDV-unterstützte Bestandsführung, da die mangelhafte Lagerorganisation auch aufgrund der nur wöchentlich durchgeführten

Bestandsführung zu starken Differenzen zwischen buchmäßigem und körperlichem Lagerbestand führte und somit für die Disposition kaum aussagefähig war.

Konsequenz: Verbesserung der Lagerorganisation, indem Materialentnahmen nur noch gegen Beleg vorgenommen werden konnten. Weitere Verbesserung durch tägliche Verbuchung der Lagerbewegungen sowie einer zeitlichen Kopplung der Verfügbarkeitskontrolle mit der Bestandsführung.

BESTELLRECHNUNG

Ist-Zustand: Die Bestellrechnung erfolgte stapelorientiert. Bestellvorschläge wurden über Listen ausgedruckt, von den Einkaufssachbearbeitern auf Richtigkeit geprüft und auf den Listen korrigiert. Diese Änderungen wurden über die Lochabteilung wieder zur Verarbeitung an die EDV zurückgeleitet. Auf der Grundlage der geänderten Daten wurden dann mit EDV-Unterstützung die Bestellbelege erstellt. Die Zeitdauer zwischen Listenerstellung und Schreiben der Bestellbelege betrug 1 - 2 Wochen.

Konsequenz: Die Bestellrechnung soll in Zukunft so ablaufen, daß jeder Einkaufssachbearbeiter die Bestellvorschläge über Bildschirm abprüft und korrigiert und im Anschluß daran die Bestellbelege gemeinsam im Stapel erstellt werden. Damit soll der Informationsfluß beschleunigt und der Datenverarbeitungsaufwand insgesamt gesenkt werden.

KAPAZITÄTSABGLEICH

Ist-Zustand: Die Verteilung der Aufträge auf die verfügbare Kapazität wurde manuell vorgenommen. Dabei wurden die im Rahmen der aus der Durchlaufterminierung gewonnenen Montierungspläne manuell in Starttermine für die Fertigungssteuerung umgesetzt. Der Aufwand hierfür war aufgrund der Störungen im Fertigungsablauf erheblich.

Konsequenz: Zur Entlastung der Sachbearbeiter in der Auftragsabwicklung wurde geplant, den Kapazitätsabgleich zukünftig als konsequente Ergänzung der Aufgaben Durchlaufterminierung und Kapazitätsbelastungsübersicht ebenfalls EDV-unterstützt durchzuführen.

REIHENFOLGEPLANUNG

Ist-Zustand: Da der Kapazitätsabgleich als Grundlage für eine
EDV-unterstützte Abwicklung fehlte, wurde die Abarbeitungs-
reihenfolge der Aufträge bisher manuell festgelegt.

Konsequenz: Im Hinblick auf die Verfahrensanwendung in den
Typbetrieben wurde erwogen, nach Einführung des EDV-unter-
stützten Kapazitätsabgleichs auch die Reihenfolgeplanung mit
EDV-Unterstützung durchzuführen.

Eine nähere Untersuchung des Durchführungsrhythmus brachte die
nachfolgenden Ergebnisse:

BESTANDSFÜHRUNG/VERFÜGBARKEITSKONTROLLE

Ist-Zustand: Die wöchentliche Bestandsführung war bezüglich
der Aktualität für die Disposition nicht ausreichend. Fehl-
bestände wurden oft zu spät erkannt und führten zu Störungen
im Produktionsablauf. Diese Schwachstelle war bereits als
solche erkannt und wurde durch den Betriebsvergleich nochmals
bestätigt.

Konsequenz: Es war bereits geplant, die Bestandsführung einschließlich der Verfügbarkeitskontrolle täglich und mit EDV-
Unterstützung durchzuführen.

BRUTTO-/NETTOBEDARFSERMITTLUNG

Ist-Zustand: Die Aufgaben wurden 14-tägig durchgeführt, obwohl der Monatsrhythmus aufgrund der geringen Anzahl an
Primärbedarfsänderungen ausreichend gewesen wäre.

Konsequenz: Eine genaue Prüfung sollte klären, welche Konse-
quenzen der Übergang auf einen monatlichen Durchführungsrhythmus mit sich bringen würde.

DURCHLAUFTERMINIERUNG

Ist-Zustand: Der Auftragsbestand wurde in 14-tägigem Intervall
durchlaufterminiert. Störungen im Fertigungsablauf führten jedoch zu Verschiebungen der Start-, Eck- und Endtermine der Aufträge. Auch diese Schwachstelle war bereits erkannt und wurde
durch den Vergleich bestätigt.

Konsequenz: Verkürzung des Durchführungsrhythmus der Durchlaufterminierung auf eine Woche.

Die Auswahl und Gestaltung von Fertigungssteuerungssystemen ist bis heute in allen Branchen ein Problem geblieben, dessen Lösung durch zur Verfügung stehende Hilfsmittel immer noch unzureichend unterstützt wird. Übergeordnete Institutionen und Verbände, sowie die zentralen Organisationsabteilungen in Konzernen versuchen durch Ermittlung von Richtwerten und Kennzahlen sowie durch Erfahrungsaustausch überbetriebliche Vergleichsmöglichkeiten zu schaffen, um dadurch den Einzelbetrieben Hilfen zu geben.

Diese Arbeit soll dazu beitragen, durch die Entwicklung einer branchenbezogenen Betriebstypologie die Vergleichsmöglichkeiten durch Standardisierung und Objektivierung zu verbessern. Insbesondere soll durch eine starke Differenzierung der Betriebstypen in Verbindung mit einer Quantifizierung der Ähnlichkeit von Betrieben eine fundierte Vergleichsbasis geschaffen werden, um die Aussagekraft der verglichenen Eigenschaften zu verbessern.

Es wird folgender Weg eingeschlagen:

1. Nachweis eines Zusammenhangs zwischen betrieblichen Merkmalen und eingesetzten Verfahren. Hierfür werden zunächst im Rahmen einer Aufgabenanalyse im Fertigungssteuerungsbereich die verfahrensrelevanten Betriebsmerkmale ermittelt. Auf der Grundlage empirischen Datenmaterials wird der Zusammenhang statistisch nachgewiesen.

2. Zusammenfassung ähnlicher Betriebe zu Betriebstypen. Da manuelle Methoden der Typenbildung wegen des Datenvolumens (89 Betriebe mit je 49 Merkmalen) und der angestrebten Differenzierung ausscheiden, erfolgt deshalb die Typenbildung EDV-unterstützt mit Methoden der automatischen Klassifikation. Das Ergebnis ist die Einteilung der Maschinenbaubranche in 10 Betriebstypen.

3. Anwendung des typologischen Betriebsvergleichs. Es werden Hilfsmittel für die Datenaufnahme und den Vergleich entwickelt. Es wird gezeigt, wie ein zu untersuchender Betrieb einem der 10 Typen zugeordnet und bzgl. der Verfahrenslösung verglichen wird. In einem konkreten Praxis-

fall wird die Anwendung des betriebstypologischen Betriebsvergleichs demonstriert.

Aus dieser Arbeit ergeben sich zwei wesentliche Ansätze für weitere Forschungsarbeiten: Zum einen kann eine differenziertere
Betrachtung der Verfahren unter den Aspekten Aufwand und Nutzen
anhand objektiv ermittelbarer quantitativer Daten dazu dienen,
die Verfahren unter Kostengesichtspunkten zu vergleichen. Ein
anderer Ansatz ergibt sich aus der Ausweitung des typologischen Betriebsvergleichs auf andere betriebliche Problem-
stellungen.

/1/   Elektronische Datenverarbeitung bei der Pro-
        duktionsplanung und -steuerung VI.Begriffs-
        zusammenhänge, Begriffsdefinitionen. VDI-Taschen-
        buch T77. Düsseldorf: VDI-Verlag 1976.

/2/   Wirtschaftliche Nutzung der Datenverarbeitung
        im Maschinenbau. Frankfurt/M.: Maschinenbau-
        Verlag 1976.

/3/ Graf,H.; Kunerth,W.: Betriebstypologische Methoden-
        auswahl - ein Hilfsmittel zur Gestaltung be-
        trieblicher Informationssysteme. Fortschritt-
        liche Betriebsführung und Industrial Engineering
        24(1975), Nr. 1, S.25-32.

/4/ Schott,G.: Grundlagen des Betriebsvergleichs.
        Frankfurt: Lutzeyer-Verlag 1950.

/5/ Schnettler,A.: Betriebsvergleich.
        Stuttgart: Poeschel-Verlag 1962.

/6/ Große-Oetringhaus,W.: Fertigungstypologie unter dem
        Gesichtspunkt der Fertigungsablaufplanung.
        Berlin: Verlag Dunker & Humblot 1974.

/7/ Mellerowicz,K.: Betriebswirtschaftslehre der Industrie,
        Band I. Freiburg: Haufe-Verlag 1968.

/8/ Gutenberg,E.: Grundlagen der Betriebswirtschaftslehre,
        Band I. Berlin, Heidelberg, New York: Springer-
        Verlag 1968.

/9/ Dinius,G.; Schacht,N.: Betriebserfahrungen mit elek-
        tronischer Datenverarbeitung für Planung und
        Steuerung der Fertigung. Berlin, Köln, Frank-
        furt/M.: Beuth-Vertrieb 1972.

/10/ Kosiol,E.: Einführung in die Betriebswirtschaftslehre.
      Die Unternehmung als wirtschaftliches Aktions-
      zentrum. Wiesbaden: Verlag Th.Gabler 1968.

/11/ Schäfer, E.: Der Industriebetrieb. Betriebswirtschafts-
      lehre der Industrie auf typologischer Grundlage.
      Band 1: Köln und Opladen 1969.
      Band 2: Opladen 1971.

/12/ Vogt,B.: Die Integration des betrieblichen Verwaltungs-
      prozesses und ihre Einwirkungstendenzen auf den
      Organisationsaufbau. Diss. TU Berlin 1968.

/13/ Riesenkampf,G.: Auswirkungen des Einsatzes elektronischer
      Datenverarbeitungsanlagen auf die Organisation.
      Berlin: Schmidt-Verlag 1969.

/14/ Buss,D.:Instrumente und Konzepte zur methodenorientierten
      Gestaltung von Informationssystemen. BIFOA-Arbeits-
      bericht Nr.74/6. Köln: Wison-Verlag 1975.

/15/ Lotte,F.P.: Organisatorische Auswirkungen der Informa-
      tionstechnologie auf den Aufgabenbereich der
      Arbeitsvorbereitung. Berlin, Köln, Frankfurt/M.:
      Beuth-Vertrieb 1970.

/16/   Elektronische Datenverarbeitung bei der Produk-
      tionsplanung und -steuerung II. Fertigungster-
      minplanung und -steuerung. VDI-Taschenbuch T23.
      Düsseldorf: VDI-Verlag 1972.

/17/   Business Information Systems Analysis and Design
      (BISAD). Seminarunterlagen zum BISAD-Seminar.
      Köln: Honeywell Bull GmbH 1970.

/18/ Graf,H.: Methodenauswahl für die Materialbewirtschaftung
        in Maschinenbau-Betrieben. Mainz:Krausskopf
        Verlag 1977.

/19/ Schott,G.: Die Praxis des Betriebsvergleichs.
        Düsseldorf: Institut für Wirtschaftsprüfer 1956.

/20/ Endres, W.: Sinn und Grenzen des Betriebsvergleichs.
        Zeitschrift für Betriebswirtschaft 39(1969)
        Nr.1,S.21-34.

/21/ Wirtz,K.: Der Betriebsvergleich. Betriebswirtschaftliche
        Rundschau 1928.

/22/ Erne,P.: Der Betriebsvergleich als Führungsinstrument.
        Zürich: Haupt-Verlag 1971.

/23/ Scheuing,E.E.: Der Betriebsvergleich als Führungsinstru-
        ment. Meisenheim: Hain-Verlag 1966.

/24/   Kennzahlenkompaß des Vereins Deutscher Maschi-
        nenbau-Anstalten (VDMA). Frankfurt/M.: Maschi-
        nenbau-Verlag 1976.

/25/ Hofmann,M.J.A.: Betriebliche Informationswirtschaft und
        Datenverarbeitungsorganisation. Berlin, New York:
        Verlag Walter de Gruyter 1976.

/26/ Gautier,K.-M.: Die Planung von automatisierten Datenver-
        arbeitungssystemen - ADV-Systemen - für Klein-
        und Mittelbetriebe. Berlin: Verlag Kiepert 1974.

/27/   Statistisches Jahrbuch 1975 für die Bundesrepu-
        blik Deutschland. Stuttgart, Mainz: Kohlhammer-
        Verlag 1975.

/28/ Graf,H.; Rabus,G.; Schultz,H.: Methodensammlung und Soft-
   wareanalyse für Entwicklung, Konstruktion, Beschaffung, Produktion. Forschungshefte Forschungs-
   kuratorium Maschinenbau e.V. Heft 45.
   Frankfurt/M.: Maschinenbau-Verlag 1976.

/29/ Nie,N.H.;u.a.: Statistical Package for the Social
   Sciences (SPSS). New York: Mc Graw-Hill 1975.

/30/ Cooley,W.W,; Lohnes,P.R.: Multivariate Data Analysis.
   New York: Wiley Inc. 1971.

/31/ Dixon,W.I. (Hrsg.): Biomedical Computer Programs.
   Berkeley, Los Angeles, London: University of
   California Press 1973.

/32/ Steinhausen,D.; Langer,K.: Clusteranalyse.
   Berlin: Verlag Walter de Gruyter 1977.

/33/ Vogel,F.: Probleme und Verfahren der numerischen Klassifikation. Göttingen: Verlag Vandenhoek&Ruprecht
   1975.

/34/ Bock,H.W.: Automatische Klassifikation. Göttingen:
   Verlag Vandenhoek&Ruprecht 1974.

/35/ Überla,K.: Faktorenanalyse. Berlin, Heidelberg, New York:
   Springer-Verlag 1971.

/36/   Zur Einführung in die multivariate Datenanalyse. München: Infratest GmbH & Co. KG 1974.

/37/ Sodeur,W.: Empirische Verfahren zur Klassifikation.
   Stuttgart: Teubner-Verlag 1974.

/38/ Wishart,D.: CLUSTAN Ib Usermanual. St.Andrews/Schottland
        1970.

/39/ Zajonc,H.: Bestimmungsfaktoren des EDV-Einsatzes.
        Meisenheim: Hain-Verlag 1976.

10. 1   Fragebogen zur Erhebung von Strukturmerkmalen und angewendeten Verfahren im Untersuchungsbetrieb

1	<u>UNTERNEHMENSBEZOGENE MERKMALE</u>	

1.1 Unternehmensart ALLG 01 ⊔
1/61

    1 = Muttergesellschaft eines Konzerns
       oder Unternehmensverbundes
    2 = Mitglied eines Konzerns oder
       Unternehmensverbundes
    3 = wirtschaftlich und rechtlich
       unabhängig

1.2 Anzahl Beschäftigte in der betrachteten
Organisationseinheit ALLG 18 ⊔
2/10

    1 = unter 100
    2 = 100 -199
    3 = 200 -299
    4 = 300 -399
    5 = 400 -499
    6 = 500 -999
    7 = 1000 -2499
    8 = 2500 -5000
    9 = 5000

1.3 Umsatz pro Jahr (Mio DM) ALLG 19 ⊔
2/13

    1 = unter 5
    2 = 5 -9
    3 = 10 -19
    4 = 20 -49
    5 = 50 -99
    6 = 100 -249
    7 = 250 -500
    8 = 500

2 HERSTELLUNGSBEZOGENE MERKMALE

| 2.1 | Anteil Einzelfertigung (%) | FTYP 01 └┴┴┘ 1/15 18 |

| 2.2 | Anteil wiederholte Einzelfertigung (%) | FTYP 02 └┴┴┘ 1/20 22 |
| 2.2.1 | Auflagehäufigkeit pro Jahr | FTYP 03 └┴┴┘ 1/24 26 |

| 2.3 | Anteil Kleinstserie (%) (2 - 20 Stck/Auflage) | FTYP 04 └┴┴┘ 1/28 30 |
| 2.3.1 | Auflagehäufigkeit pro Jahr | FTYP 06 └┴┴┘ 1/32 34 |

| 2.4 | Anteil Kleinserie (%) (21 - 200 Stck/Auflage) | FTYP 07 └┴┴┘ 1/36 38 |
| 2.4.1 | Auflagehäufigkeit pro Jahr | FTYP 09 └┴┴┘ 1/40 42 |

| 2.5 | Anteil Mittelserie (%) (201 - 2000 Stck/Auflage) | FTYP 10 └┴┴┘ 1/44 46 |
| 2.5.1 | Auflagehäufigkeit pro Jahr | FTYP 12 └┴┴┘ 1/48 50 |

| 2.6 | Anteil Großserie (%) (2000 Stck/Auflage) | FTYP 13 └┴┴┘ 1/52 54 |
| 2.6.1 | Auflagehäufigkeit pro Jahr | FTYP 15 └┴┴┘ 1/56 58 |

| 2.7 | Berücksichtigen Sie Kundenwünsche auch noch während der Fertigungsphase | KWFERT └┘ 2/52 |

1 = ja
2 = nein

2.8	Montieren Sie	
	Baugruppen in Linie	BMONTLIN └┘ 2/55
	Enderzeugnisse in Linie	EMONTLIN └┘ 2/58

1 = ja
2 = nein

2.9   Erfolgt die Teilefertigung in Linie

1 = ja
2 = nein

EFERTLIN ⌷
2/61

2.10   Anteil der auf Zwischenlager
gefertigten Teile (%)

DISP 01 ⌷⌷⌷
2/8 10

3   ERZEUGNISBEZOGENE MERKMALE

3.1   Mittlere Gesamtdurchlaufzeit der
Erzeugnisse (Konstruktion, Arbeits-
vorbereitung, Fertigung)
(Wochen)

DLZ ⌷⌷⌷
1/6 · 8

3.2   Mittlere Fertigungsdurchlaufzeit
der Erzeugnisse (Wochen)

DLZFERT ⌷⌷⌷
1/11 13

3.3   Anzahl unterschiedlicher Enderzeugnisse

ALLG 20 ⌷⌷⌷⌷⌷
2/15 17 19

3.4   Anteil Enderzeugnisse mit Varianten (%)

FERT 11 ⌷⌷⌷
2/27 29

3.5   Anteil der auf Lager gefertigter
Enderzeugnisse (%)

FERT 19 ⌷⌷⌷
2/31 33

3.6   Anteil der Erzeugnisse mit mehr als
4 Fertigungsstufen (%)

VSTUF ⌷⌷⌷
2/62 64

3.7   Mittlere Anzahl der Teile/Enderzeugnis

MTZAHL ⌷⌷⌷⌷⌷
2/72 74 76

3.8   Änderungen des Primärbedarfs sind
1 = häufig
2 = selten

ERM 21 ⌷
3/52

4   TEILEBEZOGENE MERKMALE

4.1   Anzahl der Teilestammsätze   DISP 02 |_|_|_|_|_|
                                                        3/12   14   16

4.2   Anzahl aktiver Stücklisten   STL 02 |_|_|_|_|_|
                                                        3/30   32   34

4.3   Stücklistenänderungen/Monat   STL 03 |_|_|_|_|_|
                                                        3/36   38   40

4.4   Neue Stücklisten/Monat   STL 04 |_|_|_|_|_|
                                                        3/42   44   46

4.5   Überdurchschnittliche Qualitätsan-
         forderungen an
              Oberfläche   ALLG 12 |_|
                                                            1/67
              Form   ALLG 13 |_|
                                                            1/70
              Werkstoff   ALLG 14 |_|
                                                            1/73
              Funktion   ALLG 15 |_|
                                                            1/76
              1 = ja
              2 = nein

4.6   Anteil der Wiederholteile   (%)   FERT 54 |_|_|_|
                                                        2/47   49

4.7   Anzahl Ersatzteile   ALLG 21 |_|_|_|_|_|
                                                        2/21   23   25

4.8   Anteil der fremdbezogenen Teile (%)
              mengenmäßig   FERT 37 |_|_|_|
                                                            2/35   37
              wertmäßig   FERT 38 |_|_|_|
                                                        2/39   41

4.9   Anteil der Teile mit erhöhter
         Ausschußgefahr (%)   ALLG 17 |_|_|
                                                        2/6 7

4.10   Anzahl Arbeitsvorgänge/Teil   FERT 53 |_|_|_|
                                                        2/43   45

4.11 Anzahl der zu verbuchenden
Lagerbewegungen /Tag

BFG 07 |⎵⎵⎵⎵|
3/19   21

4.12 Anteil der ungeplanten Lagerentnahmen (%) BFG 15 |⎵⎵⎵⎵⎵|
3/24   26   28

4.13 Bei wieviel Prozent der lagerhaltigen
Teile ist der Nachfrageverlauf

schwankend	VHS 12	|⎵⎵⎵| 3/56 58
linear	VHS 13	|⎵⎵⎵| 3/59 61
progressiv	VHS 14	|⎵⎵⎵| 3/62 64
saisonal	VHS 15	|⎵⎵⎵| 3/65 67
sporadisch	VHS 16	|⎵⎵⎵| 3/68 70

4.14 Wie hoch ist die mittlere
Losgröße der Teile ?

MLOSGR |⎵⎵⎵⎵⎵|
2/66   68   70

5 Welche Verfahren haben Sie z. Zt. eingesetzt?

Aufgaben	Durchführungsrhythmus							Art des Hilfsmittels			
	1/2-jährlich	1/4-jährlich	monatlich	14-tägig	wöchentlich	täglich	bei Bedarf	manuell	Magnetkontencomputer	EDV(Stapelverarbeitung)	EDV(Dialogverarbeitung)
Stücklistenorganisation											
Bestandsführung											
Verfügbarkeitskontrolle											
Bruttobedarfsermittlung											
Nettobedarfsermittlung											
Bestellrechnung											
Lagerhaltungspolitik											
Arbeitsplanorganisation											
Durchlaufterminierung											
Kapazitätsbelastungsübersicht											
Kapazitätsabgleich											
Reihenfolgeplanung											

10. 2   Aufgabenbezogene Darstellung des Einflusses
betrieblicher Strukturmerkmale auf die
Verfahrensanwendung (Ergebnisse der Diskriminanzanalyse)

LFD. NR.	STRUKTURMERKMALE	KURZZEICHEN	F-WERT	ZUWACHS BEI RAOS V	SIGNI-FIKANZ	ERREICHBARE ZUORDNUNGS-QUALITÄT
1	Anzahl Beschäftigte	ALLG18	19.47	38.94	.000	
2	Anteil Wiederholteile	FERT54	6.11	13.12	.001	
3	Anteil Varianten	FERT11	2.73	8.70	.013	
4	Anteil wiederholte Einzelfertigung	FTYP02	2.97	10.33	.006	
5	Teilefertigung in Linie	EFERTLIN	2.32	8.55	.014	
6	Anteil Einzelfertigung	FTYP01	2.74	11.19	.004	
7	Nachfrageverlauf Saisonal	VHS15	3.00	10.16	.006	
8	Nachfrageverlauf Sporadisch	VHS16	2.72	11.51	.003	80%
9	Auflagehäufigkeit wiederholte Einzelfertigung	FTYP03	2.25	9.51	.009	
10	Qualitätsanforderungen an Funktion	ALLG15	2.29	10.22	.006	
11	Anteil fremdbezogene Teile mengenmäßig	FERT37	2.85	8.70	.013	
12	Nachfrageverlauf schwankend	VHS12	1.86	7.71	.021	
13	Umsatz/Jahr	ALLG19	1.63	9.59	.008	
14	Mittlere Anzahl der Teile pro Produkt	MTZAHL	2.03	9.42	.009	
15	Baugruppenmontage in Linie	BMONTLIN	1.47	8.33	.015	
16	Anteil Kleinserie	FTYP07	.94	6.71	.035	
17	Nachfrageverlauf linear	VHS13	1.25	7.35	.025	
18	Qualitätsanforderungen an Oberfläche	ALLG12	1.22	7.50	.024	
19	Qualitätsanforderungen an Form	ALLG13	1.26	8.85	.012	
20	Änderungshäufigkeit des Primärbedarfs	ERM21	.96	7.94	.019	90%
21	Anzahl Ersatzteile	ALLG21	1.69	8.83	.012	
22	Auflagehäufigkeit Kleinstserie	FTYP06	.90	6.07	.048	
23	Organisationseinheit	ALLG02	1.62	7.95	.019	
24	Durchlaufzeit der Erzeugnisse Fertigung	DLZFERT	1.68	8.77	.012	
25	Endmontage in Linie	EMONTLIN	1.80	10.70	.005	
26	Mittlere Losgröße	MLOSGR	.81	6.43	.040	
27	Durchlaufzeit der Erzeugnisse Gesamt	DLZ	1.20	7.68	.021	
28	Anteil fremdbezogene Teile wertmäßig	FERT38	.80	6.93	.031	
29	Anteil Fertigung auf Lager	FERT19	.84	6.20	.045	95%
30	Anteil der vielstufigen Erzeugnisse	VSTUF	.92	7.28	.026	
31	Anteil Teilefertigung auf Zwischenlager	DISP01	.40	4.08	.130	
32	Unternehmensart	ALLG01	.37	4.31	.116	
33	Nachfrageverlauf progressiv	VHS14	.62	7.04	.030	
34	Kundenwünsche während der Fertigung	KWFERT	.69	7.02	.030	
35	Anzahl aktiver Stücklisten	STL02	.28	3.89	.143	
36	Anzahl Arbeitsvorgänge/Teil	FERT53	.57	5.45	.065	
37	Zahl Stücklistenänderungen/Monat	STL03	.48	4.68	.096	
38	Zahl neuer Stücklisten/Monat	STL04	.20	3.04	.218	
39	Anteil Großserie	FTYP13	.41	4.68	.096	
40	Anzahl unterschiedlicher Produkte	ALLG20	.52	5.77	.056	
41	Auflagehäufigkeit Großserie	FTYP15	.46	5.85	.053	
42	Auflagehäufigkeit Mittelserie	FTYP12	.20	3.21	.201	
43	Anteil ungeplanter Lagerentnahmen	BFG15	.21	3.73	.155	
44	Anteil Kleinstserie	FTYP04	.29	4.76	.092	
45	Anteil der Teile mit erhöhter Ausschußgefahr	ALLG17	.31	6.12	.047	
46	Anteil Mittelserie	FTYP10	.18	3.54	.170	
47	Anzahl Teilestammsätze	DISP02	.18	2.77	.250	
48	Anzahl Lagerbewegungen/Tag	BFG07	.09	1.74	.417	
49	Qualitätsanforderungen an Werkstoff	ALLG14	.05	.95	.619	
50	Auflagehäufigkeit Kleinserie	FTYP09	.01	.24	.885	

Bild 42: Einflußgrößen auf die EDV-Anwendung

LFD. NR.	STRUKTURMERKMALE	KURZZEICHEN	F-WERT	ZUWACHS BEI RAOS V	SIGNI- FIKANZ	ERREICHBARE ZUORDNUNGS- QUALITÄT
1	Endmontage in Linie	EMONTLIN	8.64	17.28	.000	
2	Anzahl Beschäftigte	ALLG18	7.36	15.59	.000	
3	Nachfrageverlauf progressiv	VHS14	6.03	16.20	.000	
4	Auflagehäufigkeit Kleinserie	FTYP09	3.45	10.23	.006	80%
5	Anzahl Ersatzteile	ALLG21	3.64	10.17	.006	
6	Anzahl Lagerbewegungen/Tag	BFG07	4.58	14.55	.001	
7	Anteil Großserie	FTYP13	3.50	13.91	.001	
8	Qualitätsanforderungen an Werkstoff	ALLG14	2.77	12.22	.002	
9	Anteil Varianten	FERT11	2.96	12.41	.002	
10	Zahl neuer Stücklisten/Monat	STL04	3.37	14.86	.001	90%
11	Anzahl unterschiedlicher Produkte	ALLG20	1.99	9.94	.007	
12	Auflagehäufigkeit Großserie	FTYP15	2.18	11.69	.003	
13	Durchlaufzeit der Erzeugnisse Gesamt	DLZ	2.15	13.67	.001	
14	Anteil ungeplanter Lagerentnahmen	BFG15	2.16	12.72	.002	
15	Unternehmensart	ALLG01	2.34	14.57	.001	
16	Kundenwünsche während der Fertigung	KWFERT	3.49	23.46	.000	95%
17	Anteil fremdbezogene Teile mengenmäßig	FERT37	3.47	27.59	.000	
18	Nachfrageverlauf sporadisch	VHS16	1.67	13.94	.001	
19	Anzahl Arbeitsvorgänge/Teil	FERT53	1.42	13.05	.001	
20	Qualitätsanforderungen an Funktion	ALLG15	2.22	22.95	.000	
21	Anteil Wiederholteile	FERT54	2.19	25.93	.000	
22	Mittlere Anzahl der Teile pro Produkt	MTZAHL	1.90	20.06	.000	
23	Anteil Einzelfertigung	FTYP01	1.90	24.72	.000	
24	Nachfrageverlauf saisonal	VHS15	2.25	34.29	.000	
25	Auflagehäufigkeit Mittelserie	FTYP12	1.32	23.74	.000	
26	Nachfrageverlauf linear	VHS13	2.31	42.85	.000	
27	Nachfrageverlauf schwankend	VHS12	1.90	41.70	.000	
28	Qualitätsanforderungen an Oberfläche	ALLG12	1.69	35.29	.000	
29	Änderungshäufigkeit des Primärbedarfs	ERM21	.98	26.12	.000	
30	Anteil Fertigung auf Lager	FERT19	.91	27.98	.000	
31	Qualitätsanforderungen an Form	ALLG13	1.00	33.08	.000	
32	Auflagehäufigkeit Kleinstserie	FTYP06	.72	27.15	.000	
33	Anteil wiederholte Einzelfertigung	FTYP02	1.51	40.07	.000	
34	Baugruppenmontage in Linie	BMONTLIN	1.27	46.46	.000	
35	Teilefertigung in Linie	EFERTLIN	1.92	58.46	.000	
36	Umsatz/Jahr	ALLG19	1.38	60.50	.000	
37	Anteil der Teile mit erhöhter Ausschußgefahr	ALLG17	.49	19.54	.000	
38	Anteil Teilefertigung auf Zwischenlager	DISPo1	.34	19.34	.000	
39	Organisationseinheit	ALLG02	.55	15.48	.000	
40	Anzahl Teilestammsätze	DISP02	.49	16.28	.000	
41	Zahl Stücklistenänderungen/Monat	STL03	.40	17.99	.000	
42	Anteil der vielstufigen Erzeugnisse	VSTUF	.52	26.88	.000	
43	Mittlere Losgröße	MLOSGR	.64	33.03	.000	
44	Anzahl aktiver Stücklisten	STL02	.13	12.61	.002	
45	Anteil Kleinserie	FTYP07	.11	10.27	.006	
46	Durchlaufzeit der Erzeugnisse Fertigung	DLZFERT	.28	18.59	.000	
47	Anteil fremdbezogene Teile wertmäßig	FERT38	.11	11.00	.004	
48	Auflagehäufigkeit wiederholte Einzelfertigung	FTYP03	.09	9.63	.008	
49	Anteil Kleinstserie	FTYP04	.11	16.10	.000	
50	Anteil Mittelserie	FTYP10	.07	10.58	.005	

Bild 43: Einflußgrößen auf die Verfahren zur
Stücklistenorganisation

LFD NR.	STRUKTURMERKMALE	KURZZEICHEN	F-WERT	ZUWACHS BEI RAOS V	SIGNI- FIKANZ	ERREICHBARE ZUORDNUNGS- QUALITÄT
1	Anzahl Beschäftigte	ALLG18	10.69	21.39	.000	
2	Anteil fremdbezogene Teile mengenmäßig	FERT37	4.52	12.20	.002	
3	Unternehmensart	ALLG01	3.92	12.27	.002	
4	Durchlaufzeit der Erzeugnisse Gesamt	DLZ	2.33	7.44	.024	80%
5	Anteil Mittelserie	FTYP10	2.33	9.66	.008	
6	Anteil ungeplanter Lagerentnahmen	BFG15	1.82	8.26	.016	
7	Auflagehäufigkeit Kleinstserie	FTYP06	1.48	7.41	.025	
8	Anteil Großserie	FTYP13	2.21	6.22	.045	
9	Auflagehäufigkeit Großserie	FTYP15	2.85	13.27	.001	
10	Anzahl unterschiedlicher Produkte	ALLG20	2.59	12.78	.002	
11	Auflagehäufigkeit Kleinserie	FTYP09	3.54	13.05	.001	
12	Nachfrageverlauf schwankend	VHS12	1.73	8.24	.016	90%
13	Anteil Kleinstserie	FTYP04	1.38	8.34	.015	
14	Anteil der Teile mit erhöhter Ausschußgefahr	ALLG17	1.29	7.91	.019	
15	Nachfrageverlauf progressiv	VHS14	1.53	9.36	.009	
16	Anzahl Arbeitsvorgänge/Teil	FERT53	1.81	10.48	.005	
17	Anteil Varianten	FERT11	1.82	15.95	.000	
18	Auflagehäufigkeit Mittelserie	FTYP12	1.69	15.05	.001	95%
19	Anzahl Lagerbewegungen/Tag	BFG07	2.55	15.63	.000	
20	Nachfrageverlauf saisonal	VHS15	2.62	18.05	.000	
21	Qualitätsanforderungen an Werkstoff	ALLG14	2.82	22.83	.000	
22	Anzahl Ersatzteile	ALLG21	1.83	17.68	.000	
23	Nachfrageverlauf linear	VHS13	1.28	15.57	.000	
24	Anzahl Teilestammsätze	DISP02	1.88	23.90	.000	
25	Mittlere Losgröße	MLOSGR	1.58	20.20	.000	
26	Änderungshäufigkeit des Primärbedarfs	ERM21	2.12	33.45	.000	
27	Qualitätsanforderungen an Oberfläche	ALLG12	1.69	26.88	.000	
28	Umsatz/Jahr	ALLG19	1.69	30.91	.000	
29	Zahl Stücklistenänderungen/Monat	STL03	1.46	28.24	.000	
30	Nachfrageverlauf sporadisch	VHS16	1.32	33.13	.000	
31	Anteil der vielstufigen Erzeugnisse	VSTUF	1.13	24.10	.000	
32	Anteil Wiederholteile	FERT54	1.03	22.02	.000	
33	Durchlaufzeit der Erzeugnisse Fertigung	DLZFERT	.50	16.62	.000	
34	Anteil wiederholte Einzelfertigung	FTYP02	.42	14.05	.001	
35	Organisationseinheit	ALLG02	.39	13.43	.001	
36	Auflagehäufigkeit widerholte Einzelfertigung	FTYP03	.39	16.30	.000	
37	Qualitätsanforderungen an Form	ALLG13	.65	24.18	.000	
38	Anteil Teilefertigung auf Zwischenlager	DISP01	.99	34.62	.000	
39	Anteil Einzelfertigung	FTYP01	1.49	49.67	.000	
40	Anteil Kleinserie	FTYP07	.94	38.54	.000	
41	Qualitätsanforderungen an Funktion	ALLG15	.82	40.95	.000	
42	Anzahl aktiver Stücklisten	STL02	.44	29.73	.000	
43	Anteil fremdbezogene Teile wertmäßig	FERT38	.54	31.53	.000	
44	Endmontage in Linie	EMONTLIN	.34	23.13	.000	
45	Anteil Fertigung auf Lager	FERT19	.29	18.80	.000	
46	Mittlere Anzahl der Teile pro Produkt	MTZAHL	.16	12.52	.002	
47	Zahl neuer Stücklisten/Monat	STL04	.20	15.41	.000	
48	Kundenwünsche während der Fertigung	KWFERT	.01	1.57	.455	

Bild 44: Einflußgrößen auf die Verfahren zur Bestandsführung

- 124 -

LFD. NR.	STRUKTURMERKMALE	KURZZEICHEN	F-WERT	ZUWACHS BEI RAOS V	SIGNI-FIKANZ	ERREICHBARE ZUORDNUNGS-QUALITÄT
1	Auflagehäufigkeit Großserie	FTYP15	5.65	11.31	.003	
2	Zahl Stücklistenänderungen/Monat	STL03	5.44	11.06	.004	
3	Qualitätsanforderungen an Form	ALLG13	2.66	6.49	.039	
4	Nachfrageverlauf sporadisch	VHS16	3.23	8.17	.017	
5	Anzahl Lagerbewegungen/Tag	BFG07	2.22	5.97	.050	
6	Unternehmensart	ALLG01	2.02	6.10	.047	
7	Nachfrageverlauf progressiv	VHS14	2.10	6.48	.039	80%
8	Durchlaufzeit der Erzeugnisse Fertigung	DLZFERT	2.77	8.09	.017	
9	Anteil Einzelfertigung	FTYP01	3.26	11.30	.004	
10	Anteil fremdbezogene Teile wertmäßig	FERT38	2.29	8.33	.015	
11	Qualitätsanforderungen an Werkstoff	ALLG14	1.88	7.67	.022	
12	Anteil ungeplanter Lagerentnahmen	BFG15	1.53	5.96	.051	90%
13	Anteil Teilefertigung auf Zwischenlager	DISP01	2.59	9.89	.007	
14	Auflagehäufigkeit Kleinstserie	FTYP06	2.65	11.24	.004	
15	Anzahl Arbeitsvorgänge/Teil	FERT53	2.01	10.21	.006	
16	Anzahl Teilestammsätze	DISP02	2.02	9.98	.007	
17	Anteil der vielstufigen Erzeugnisse	VSTUF	1.84	10.77	.005	
18	Anzahl Beschäftigte	ALLG18	1.52	9.84	.007	
19	Endmontage in Linie	EMONTLIN	1.38	7.40	.025	
20	Baugruppenmontage in Linie	BMONTLIN	1.50	8.87	.012	
21	Anteil Großserie	FTYP13	1.96	11.76	.003	95%
22	Änderungshäufigkeit des Primärbedarfs	ERM21	1.29	8.37	.015	
23	Qualitätsanforderungen an Oberfläche	ALLG12	1.71	12.71	.002	
24	Anzahl Ersatzteile	ALLG21	1.47	11.33	.003	
25	Anzahl unterschiedlicher Produkte	ALLG20	1.41	12.30	.002	
26	Auflagehäufigkeit Kleinserie	FTYP09	1.65	15.85	.000	
27	Nachfrageverlauf linear	VHS13	1.24	12.81	.002	
28	Anteil Mittelserie	FTYP10	1.35	15.57	.000	
29	Kundenwünsche während der Fertigung	KWFERT	1.52	19.20	.000	
30	Anteil wiederholte Einzelfertigung	FTYP02	1.29	14.92	.001	
31	Teilefertigung in Linie	EFERTLIN	1.43	20.05	.000	
32	Auflagehäufigkeit Mittelserie	FTYP12	1.48	19.57	.000	
33	Anteil Kleinserie	FTYP07	1.63	28.42	.000	
34	Anteil Kleinstserie	FTYP04	1.15	22.67	.000	
35	Mittlere Losgröße	MLOSGR	1.08	16.09	.000	
36	Anteil fremdbezogene Teile mengenmäßig	FERT37	.90	18.53	.000	
37	Mittlere Anzahl der Teile pro Produkt	MTZAHL	.96	21.58	.000	
38	Zahl neuer Stücklisten/Monat	STL04	.79	11.48	.003	
39	Anzahl aktiver Stücklisten	STL02	.83	22.40	.000	
40	Anteil der Teile mit erhöhter Ausschußgefahr	ALLG17	.73	19.77	.000	
41	Qualitätsanforderungen an Funktion	ALLG15	.54	18.06	.000	
42	Umsatz/Jahr	ALLG19	.80	23.57	.000	
43	Durchlaufzeit der Erzeugnisse Gesamt	DLZ	.70	23.56	.000	
44	Nachfrageverlauf saisonal	VHS15	.62	14.20	.001	
45	Nachfrageverlauf schwankend	VHS12	.74	20.47	.000	
46	Anteil Fertigung auf Lager	FERT19	.58	26.29	.000	
47	Anteil Wiederholteile	FERT54	.63	21.96	.000	
48	Anteil Varianten	FERT11	.29	16.63	.000	
49	Organisationseinheit	ALLG02	.10	6.30	.043	
50	Auflagehäufigkeit wiederholte Einzelfertigung	FTYP03	.02	1.67	.433	

Bild 45: Einflußgrößen auf die Verfahren zur Verfügbarkeitskontrolle

LFD. NR.	STRUKTURMERKMALE	KURZZEICHEN	F-WERT	ZUWACHS BEI RAOS V	SIGNI-FIKANZ	ERREICHBARE ZUORDNUNGS-QUALITÄT
1	Auflagehäufigkeit Großserie	FTYP15	30.63	61.26	.000	
2	Anzahl Lagerbewegungen/Tag	BFG07	14.95	47.34	.000	
3	Anteil Großserie	FTYP13	8.51	45.16	.000	
4	Nachfrageverlauf sporadisch	VHS16	3.52	18.42	.000	80%
5	Anzahl Beschäftigte	ALLG18	4.46	15.63	.000	
6	Qualitätsanforderungen an Werkstoff	ALLG14	2.19	15.09	.001	
7	Auflagehäufigkeit wiederholte Einzelfertigung	FTYP03	3.12	15.60	.000	
8	Zahl neuer Stücklisten/Monat	STL04	4.36	19.55	.000	
9	Auflagehäufigkeit Mittelserie	FTYP12	1.59	13.11	.001	90%
10	Durchlaufzeit der Erzeugnisse Gesamt	DLZ	1.87	17.31	.000	
11	Nachfrageverlauf linear	VHS13	3.00	28.39	.000	
12	Anzahl Teilestammsätze	DISP02	2.82	23.51	.000	
13	Nachfrageverlauf progressiv	VHS14	3.31	20.27	.000	
14	Teilefertigung in Linie	EFERTLIN	1.61	16.71	.000	
15	Nachfrageverlauf saisonal	VHS15	.97	13.38	.001	
16	Anzahl Arbeitsvorgänge/Teil	FERT53	1.40	17.65	.000	
17	Qualitätsanforderung an Form	ALLG13	.98	15.86	.000	
18	Mittlere Losgröße	MLOSGR	.95	12.86	.002	
19	Endmontage in Linie	EMONTLIN	.90	16.27	.000	
20	Änderungshäufigkeit des Primärbedarfs	ERM21	.88	12.77	.002	
21	Zahl Stücklistenänderungen/Monat	STL03	1.13	14.89	.001	95%
22	Anteil Mittelserie	FTYP10	.65	11.53	.003	
23	Nachfrageverlauf schwankend	VHS12	.52	11.84	.003	
24	Unternehmensart	ALLGo1	.92	17.34	.000	
25	Anteil Kleinstserie	FTYP04	.69	14.07	.001	
26	Anteil wiederholte Einzelfertigung	FTYP02	1.08	15.10	.001	
27	Anzahl Ersatzteile	ALLG21	.95	13.31	.001	
28	Kundenwünsche während der Fertigung	KWFERT	1.34	18.66	.000	
29	Baugruppemontage in Linie	BMONTLIN	.63	17.50	.000	
30	Qualitätsanforderungen an Oberfläche	ALLG12	.48	10.69	.005	
31	Anzahl aktiver Stücklisten	STL02	1.57	15.99	.000	
32	Anteil Wiederholteile	FERT54	.33	11.68	.003	
33	Anteil fremdbezogene Teile mengenmäßig	FERT37	1.05	16.84	.000	
34	Auflagehäufigkeit Kleinserie	FTYP09	.46	14.94	.001	
35	Organisationseinheit	ALLG02	.63	13.39	.001	
36	Anteil Fertigung auf Lager	FERT19	.75	17.55	.000	
37	Auflagehäufigkeit Kleinstserie	FTYP09	.41	15.58	.000	
38	Durchlaufzeit der Erzeugnisse Fertigung	DLZFERT	.42	17.93	.000	
39	Anteil Kleinserie	FTYP07	.50	20.31	.000	
40	Anteil Einzelfertigung	FTYP01	.45	13.80	.001	
41	Umsatz/Jahr	ALLG19	.99	26.08	.000	
42	Anteil fremdbezogene Teile wertmäßig	FERT38	1.26	44.60	.000	
43	Mittlere Anzahl der Teile pro Produkt	MTZAHL	.09	6.09	.047	
44	Anzahl unterschiedlicher Produkte	ALLG20	.16	10.79	.005	
45	Qualitätsanforderungen an Funktion	ALLG15	.27	9.40	.009	
46	Anteil Teilefertigung auf Lager	DISP01	.17	5.88	.053	
47	Anteil ungeplanter Lagerentnahmen	BFG15	.35	10.44	.005	
48	Anteil der Teile mit erhöhter Ausschußgefahr	ALLG17	.28	8.62	.013	
49	Anteil Varianten	FERT11	.30	1.31	.518	

Bild 46: Einflußgrößen auf die Verfahren zur Bruttobedarfsermittlung

LFD. NR.	STRUKTURMERKMALE	KURZZEICHEN	F-WERT	ZUWACHS BEI RAOS V	SIGNI-FIKANZ	ERREICHBARE ZUORDNUNGS-QUALITÄT
1	Auflagehäufigkeit Großserie	FTYP15	32.05	64.11	.000	
2	Anteil Großserie	FTYP13	11.10	41.21	.000	
3	Anzahl Lagerbewegungen/Tag	BFG07	6.94	28.90	.000	80%
4	Anzahl aktiver Stücklisten	STL02	3.03	14.17	.001	
5	Durchlaufzeit der Erzeugnisse gesamt	DLZ	4.29	17.06	.000	
6	Anzahl Beschäftigte	ALLG18	3.75	17.55	.000	
7	Durchlaufzeit der Erzeugnisse Fertigung	DLZFERT	1.91	14.51	.001	
8	Nachfrageverlauf linear	VHS13	2.61	17.18	.000	
9	Auflagehäufigkeit Mittelserie	FTYP12	2.78	17.30	.000	
10	Teilefertigung in Linie	EFERTLIN	1.66	15.63	.000	90%
11	Auflagehäufigkeit widerholte Einzelfertigung	FTYP03	2.24	15.72	.000	
12	Anzahl Ersatzteile	ALLG21	1.52	15.49	.000	
13	Zahl neuer Stücklisten/MOnat	STL04	4.24	28.22	.000	
14	Anteil Mittelserie	FTYP10	2.98	25.39	.000	
15	Kundenwünsche während der Fertigung	KWFERT	1.43	18.34	.000	
16	Mittlere Anzahl der Teile pro Produkt	MTZAHL	2.80	22.48	.000	
17	Anteil wiederholte Einzelfertigung	FTYP02	.78	11.82	.003	95%
18	Zahl Stücklistenänderungen/Monat	STL03	3.59	33.49	.000	
19	Baugruppenmontage in Linie	BMONTLIN	1.00	15.72	.000	
20	Mittlere Losgröße	MLOSGR	1.49	14.80	.001	
21	Nachfrageverlauf saisonal	VHS15	2.28	43.99	.000	
22	Anzahl unterschiedlicher Produkte	ALLG20	1.94	18.84	.000	
23	Anteil fremdbezogene Teile mengenmäßig	FERT37	3.52	29.27	.000	
24	Anteil ungeplanter Lagerentnahmen	BFG15	1.97	21.26	.000	
25	Auflagehäufigkeit Kleinstserie	FTYP06	.70	12.96	.002	
26	Anteil Teilefertigung auf Zwischenlager	DISP01	1.02	24.69	.000	
27	Anteil Wiederholteile	FERT54	.66	16.32	.000	
28	Nachfrageverlauf progressiv	VHS14	.50	14.48	.001	
29	Qualitätsanforderungen an Werkstoff	ALLG14	1.09	19.00	.000	
30	Änderungshäufigkeit des Primärbedarfs	ERM21	1.85	18.77	.000	
31	Nachfrageverlauf schwankend	VHS12	.82	14.70	.001	
32	Nachfrageverlauf sporadisch	VHS16	.45	11.23	.004	
33	Qualitätsanforderungen an Funktion	ALLG15	.45	17.07	.000	
34	Anteil Einzelfertigung	FTYP01	.72	25.68	.000	
35	Anzahl Arbeitsvorgänge/Teil	FERT53	.85	25.85	.000	
36	Endmontage in Linie	EMONTLIN	.49	22.30	.000	
37	Organisationseinheit	ALLG02	1.22	29.39	.000	
38	Anteil Varianten	FERT11	.73	26.85	.000	
39	Anteil der vielstufigen Erzeugnisse	VSTUF	1.70	55.41	.000	
40	Unternehmensart	ALLG01	.58	17.69	.000	
41	Auflagehäufigkeit Kleinserie	FTYP09	.35	22.27	.000	
42	Anteil Kleinserie	FTYP07	.65	26.05	.000	
43	Anteil Kleinstserie	FTYP04	1.69	107.35	.000	
44	Anteil Fertigung auf Lager	FERT19	1.12	59.71	.000	
45	Umsatz/Jahr	ALLG19	.57	50.53	.000	
46	Anzahl Teilestammsätze	DISP02	.99	53.67	.000	
47	Qualitätsanforderungen an Oberfläche	ALLG12	.60	45.91	.000	
48	Qualitätsanforderungen an Form	ALLG13	.19	21.56	.000	

Bild 47: Einflußgrößen auf die Verfahren zur Nettobedarfsermittlung

LFD. NR.	STRUKTURMERKMALE	KURZZEICHEN	F-WERT	ZUWACHS BEI RAOS V	SIGNIFIKANZ	ERREICHBARE ZUORDNUNGS- QUALITÄT
1	Anzahl Beschäftigte	ALLG18	9.08	9.08	.003	
2	Unternehmensart	ALLG01	6.29	7.21	.007	
3	Anteil Varianten	FERT11	3.66	4.64	.031	
4	Zahl neuer Stücklisten/Monat	STL04	3.29	4.46	.035	80%
5	Durchlaufzeit der Erzeugnisse Fertigung	DLZFERT	4.95	7.15	.007	
6	Nachfrageverlauf sporadisch	VHS16	3.26	5.15	.023	
7	Anteil wiederholte Einzelfertigung	FTYP02	3.31	5.58	.018	
8	Anteil Einzelfertigung	FTYP01	2.79	5.02	.025	
9	Kundenwünsche während der Fertigung	KWFERT	3.31	6.32	.012	
10	Qualitätsanforderungen an Funktion	ALLG15	3.15	6.45	.011	
11	Anteil der vielstufigen Erzeugnisse	VSTUF	3.10	6.79	.009	90%
12	Qualitätsanforderungen an Oberfläche	ALLG12	4.29	10.04	.002	
13	Anteil ungeplanter Lagerentnahmen	BFG15	3.41	8.72	.003	
14	Anteil der Teile mit erhöhter Ausschußgefahr	ALLG17	1.99	5.48	.019	
15	Zahl Stücklistenänderungen/Monat	STL03	1.96	5.67	.017	
16	Änderungshäufigkeit des Primärbedarfs	ERM21	2.72	8.32	.004	
17	Anteil Mittelserie	FTYP10	1.94	6.34	.012	
18	Auflagehäufigkeit Mittelserie	FTYP12	1.81	6.26	.012	
19	Anzahl unterschiedlicher Produkte	ALLG20	.86	3.12	.077	
20	Anzahl Ersatzteile	ALLG21	.71	2.67	.102	95%
21	Anzahl aktiver Stücklisten	STL02	3.00	11.69	.001	
22	Qualitätsanforderungen an Werkstoff	ALLG14	1.34	5.68	.017	
23	Auflagehäufigkeit wiederholte Einzelfertigung	FTYP03	1.30	5.76	.016	
24	Anzahl Lagerbewegungen/Tag	BFG07	1.35	6.27	.012	
25	Teilefertigung in Linie	EFERTLIN	1.04	5.09	.024	
26	Qualitätsanforderungen an Form	ALLG13	1.63	8.33	.004	
27	Anteil fremdbezogene Teile mengenmäßig	FERT37	1.33	7.18	.007	
28	Anteil Wiederholteile	FERT54	1.23	7.00	.008	
29	Auflagehäufigkeit Kleinserie	FTYP09	.67	4.30	.038	
30	Anteil Kleinstserie	FTYP04	.66	4.40	.036	
31	Auflagehäufigkeit Großserie	FTYP15	.37	2.56	.109	
32	Anteil Großserie	FTYP13	2.72	19.46	.000	
33	Baugruppenmontage in Linie	BMONTLIN	.59	4.66	.031	
34	Nachfrageverlauf linear	VHS13	.56	4.62	.032	
35	Organisationseinheit	ALLG02	.60	5.18	.023	
36	Anteil Kleinserie	FTYP07	.79	7.12	.008	
37	Nachfrageverlauf progressiv	VHS14	.49	4.69	.030	
38	Umsatz/Jahr	ALLG19	.16	1.63	.201	
39	Nachfrageverlauf saisonal	VHS15	.10	1.01	.313	
40	Auflagehäufigkeit Kleinstserie	FTYP06	.16	1.71	.191	
41	Anzahl Arbeitsvorgänge/Teil	FERT53	.18	2.03	.154	
42	Endmontage in Linie	EMONTLIN	.08	.92	.336	
43	Anteil Teilefertigung auf Zwischenlager	DISP01	.06	.73	.390	
44	Mittlere Anzahl der Teile pro Produkt	MTZAHL	.06	.76	.382	
45	Anzahl Teilestammsätze	DISP02	.01	.24	.618	
46	Anteil fremdbezogene Teile wertmäßig	FERT38	.02	.28	.592	
47	Durchlaufzeit der Erzeugnisse Gesamt	DLZ	.01	.18	.670	

Bild 48: Einflußgrößen auf die Verfahren zur Bestellrechnung

LFD. NR.	STRUKTURMERKMALE	KURZZEICHEN	F-WERT	ZUWACHS BEI RAOS V	SIGNI-FIKANZ	ERREICHBARE ZUORDNUNGS-QUALITÄT
1	Zahl Stücklistenänderungen/Monat	STL03	11.78	11.78	.001	80%
2	Anzahl Teilestammsätze	DISP02	5.03	5.90	.015	
3	Anzahl Ersatzteile	ALLG21	4.99	6.33	.012	
4	Nachfrageverlauf saisonal	VHS15	3.50	4.81	.028	90%
5	Umsatz/Jahr	ALLG19	2.69	3.94	.047	
6	Anteil fremdbezogene Teile mengenmäßig	FERT37	2.83	4.63	.031	
7	Nachfrageverlauf schwankend	VHS12	2.62	4.53	.033	
8	Mittlere Losgröße	MLOSGR	2.87	5.23	.022	95%
9	Anteil der Teile mit erhöhter Ausschußgefahr	ALLG17	1.63	3.30	.069	
10	Anteil Mittelserie	FTYP10	1.61	3.41	.065	
11	Endmontage in Linie	EMONTLIN	2.02	4.44	.035	
12	Anzahl unterschiedlicher Produkte	ALLG20	2.10	4.85	.028	
13	Anteil Fertigung auf Lager	FERT19	1.61	3.91	.048	
14	Qualitätsanforderungen an Werkstoff	ALLG14	1.76	4.65	.031	
15	Anteil der vielstufigen Erzeugnisse	VSTUF	1.90	5.41	.020	
16	Organisationseinheit	ALLG02	1.35	4.05	.044	
17	Anzahl aktiver Stücklisten	STL02	1.18	3.69	.055	
18	Auflagehäufigkeit Kleinstserie	FTYP06	.93	3.03	.081	
19	Kundenwünsche während der Fertigung	KWFERT	1.09	3.59	.058	
20	Anteil fremdbezogene Teile wertmäßig	FERT38	2.05	7.02	.008	
21	Zahl neuer Stücklisten/Monat	STL04	1.65	5.97	.014	
22	Durchlaufzeit der Erzeugnisse Gesamt	DLZ	3.00	11.41	.001	
23	Durchlaufzeit der Erzeugnisse Fertigung	DLZFERT	9.43	38.66	.000	
24	Anteil Kleinserie	FTYP07	3.85	18.74	.000	
25	Auflagehäufigkeit Kleinserie	FTYP09	2.32	12.37	.000	
26	Anteil Einzelfertigung	FTYP01	1.63	9.31	.002	
27	Änderungshäufigkeit des Primärbedarfs	ERM21	2.18	13.12	.000	
28	Anteil Wiederholteile	FERT54	1.80	11.56	.001	
29	Anzahl Arbeitsvorgänge /Teil	FERT53	1.43	9.77	.002	
30	Qualitätsanforderungen an Oberfläche	ALLG12	1.13	8.11	.004	
31	Anteil Großserie	FTYP13	1.19	8.96	.003	
32	Auflagehäufigkeit Großserie	FTYP15	1.95	15.47	.000	
33	Anteil Teilefertigung auf Zwischenlager	DISP01	1.14	9.71	.002	
34	Nachfrageverlauf sporadisch	VHS16	1.66•	14.85	.000	
35	Anteil wiederholte Einzelfertigung	FTYP02	1.81	17.22	.000	
36	Nachfrageverlauf progressiv	VHS14	1.06	10.87	.001	
37	Auflagehäufigkeit Mittelserie	FTYP12	1.29	13.91	.000	
38	Anteil ungeplanter Lagerentnahmen	BFG15	1.88	21.43	.000	
39	Baugruppenmontage in Linie	BMONTLIN	1.62	20.06	.000	
40	Mittlere Anzahl der Teile pro Produkt	MTZAHL	.37	4.87	.027	
41	Anzahl Lagerbewegungen/Tag	BFG07	.32	4.41	.036	
42	Qualitätsanforderungen an Form	ALLG13	.35	4.99	.025	
43	Unternehmensart	ALLG01	.28	4.06	.044	
44	Anzahl Beschäftigte	ALLG18	.37	5.69	.017	
45	Anteil Kleinstserie	FTYP04	.06	.94	.331	
46	Auflagehäufigkeit wiederholte Einzelfertigung	FTYP03	.02	.37	.541	

Bild 49: Einflußgrößen auf die Verfahren zur Lagerhaltungspolitik

LFD. NR.	STRUKTURMERKMALE	KURZZEICHEN	F-WERT	ZUWACHS BEI RAOS V	SIGNIFIKANZ	ERREICHBARE ZUORDNUNGS-QUALITÄT
1	Auflagehäufigkeit Kleinserie	FTYP09	32. 13	64. 26	.000	
2	Qualitätsanforderungen an Form	ALLG13	5. 38	21. 47	.000	
3	Unternehmensart	ALLG01	5. 31	23. 04	.000	
4	Anzahl Beschäftigte	ALLG18	9. 70	23. 43	.000	80%
5	Anteil ungeplanter Lagerentnahmen	BFG15	3. 66	16. 40	.000	
6	Nachfrageverlauf schwankend	VHS12	2. 30	14. 39	.001	
7	Anteil fremdbezogener Teile wertmäßig	FERT38	2. 53	17. 21	.000	
8	Anteil der Teile mit erhöhter Ausschußgefahr	ALLG17	2. 76	15, 75	.000	
9	Qualitätsanforderungen an Werkstoff	ALLG14	1. 42	11. 76	.003	
10	Qualitätsanforderungen an Funktion	ALLG15	2. 12	18. 72	.000	
11	Durchlaufzeit der Erzeugnisse Gesamt	DLZ	1. 43	12. 75	.002	
12	Zahl neuer Stücklisten/Monat	STL04	5. 11	27. 43	.000	
13	Änderungshäufigkeit des Primärbedarfs	ERM21	1. 12	12. 41	.002	90%
14	Anzahl unterschiedlicher Produkte	ALLG20	3. 94	16. 28	.000	
15	Anzahl Arbeitsvorgängen/Teil	FERT53	1. 77	12. 37	.002	
16	Nachfrageverlauf Anteil progressiv	VHS14	1. 12	9. 47	.009	
17	Anzahl Lagerbewegungen/Tag	BFG07	2. 58	14. 64	.001	
18	Anteil Varianten	FERT11	1. 91	14. 32	.001	
19	Zahl Stücklistenänderungen/Monat	STL03	1. 15	10. 45	.005	
20	Anzahl Ersatzteile	ALLG21	1. 81	15. 46	.000	
21	Qualitätsanforderungen an Oberfläche	ALLG12	. 69	10. 37	.006	
22	Anteil Mittelserie	FTYP10	1. 35	14. 88	.001	95%
23	Anteil fremdbezogener Teile mengenmäßig	FERT37	1. 23	12. 49	.002	
24	Anteil Widerholteile	FERT54	1. 01	15. 10	.001	
25	Anzahl aktiver Stücklisten	STL02	. 92	16. 09	.000	
26	Nachfrageverlauf linear	VHS13	1. 15	17. 02	.000	
27	Auflagehäufigkeit wiederholte Einzelfertigung	FTYP03	. 54	10. 04	.007	
28	Anteil Fertigung auf Lager	FERT19	. 63	9. 90	.007	
29	Auflagehäufigkeit Großserie	FTYP15	1. 40	15. 67	.000	
30	Endmontage in Linie	EMONTLIN	. 55	12. 07	.002	
31	Kundenwünsche während der Fertigung	KWFERT	. 69	17. 29	.000	
32	Anteil wiederholte Einzelfertigung	FTYP02	. 73	17. 76	.000	
33	Auflagehäufigkeit Mittelserie	FTYP12	1. 12	19. 74	.000	
34	Mittlere Anzahl der Teile pro Produkt	MTZAHL	1. 25	27. 15	.000	
35	Auflagehäufigkeit Kleinstserie	FTYP06	. 76	16. 06	.000	
36	Baugruppenmontage in Linie	BMONTLIN	. 41	9. 57	.008	
37	Durchlaufzeit der Erzeugnisse Fertigung	DLZFERT	. 76	14. 74	.001	
38	Anteil der vielstufigen Erzeugnisse	VSTUF	. 72	14. 49	.001	
39	Anzahl Teilestammsätze	DISP02	. 28	10. 72	.005	
40	Nachfrageverlauf sporadisch	VHS16	. 42	16. 89	.000	
41	Anteil Großserie	FTYP13	. 36	13. 00	.001	
42	Teilefertigung in Linie	EFERTLIN	. 76	28. 82	.000	
43	Anteil Kleinserie	FTYP07	. 46	22. 09	.000	
44	Organisationseinheit	ALLG02	. 29	15. 24	.000	
45	Nachfrageverlauf saisonal	VHS15	. 31	18. 29	.000	
46	Anteil Einzelfertigung	FTYP01	. 37	11. 96	.003	
47	Anteil Kleinstserie	FTYP04	. 43	16. 09	.000	
48	Teilefertigung auf Zwischenlager	DISP01	. 21	7. 62	.022	
49	Umsatz/Jahr	ALLG19	. 07	4. 06	.131	
50	Mittlere Losgröße	MLOSGR	. 24	11. 83	.003	

Bild 50: Einflußgrößen auf die Verfahren zur Arbeitsplanorganisation

LFD. NR.	STRUKTURMERKMALE	KURZZEICHEN	F-WERT	ZUWACHS BEI RAOS V	SIGNI- FIKANZ	ERREICHBARE ZUORDNUNGS- QUALITÄT
1	Durchlaufzeit der Erzeugnisse Fertigung	DLZFERT	19.10	19.10	.000	
2	Anzahl Beschäftigte	ALLG18	9.34	12.07	.001	80%
3	Unternehmensart	ALLG01	5.22	7.76	.005	
4	Anteil der Teile mit erhöhter Ausschußgefahr	ALLG17	5.46	8.88	.003	
5	Anzahl unterschiedlicher Produkte	ALLG20	4.44	7.93	.005	
6	Mittlere Anzahl der Teile pro Produkt	MTZAHL	4.96	9.60	.002	
7	Endmontage in Linie	EMONTLIN	3.28	6.95	.008	90%
8	Zahl Stücklistenänderungen / Monat	STL03	3.72	8.42	.004	
9	Baugruppenmontage in Linie	BMONTLIN	3.64	8.85	.003	
10	Auflagehäufigkeit Mittelserie	FTYP12	2.70	7.07	.008	
11	Anzahl aktiver Stücklisten	STL02	2.27	6.31	.012	
12	Anzahl Lagerbewegungen/ Tag	BFG07	2.75	8.08	.004	
13	Qualitätsanforderungen an Form	ALLG13	2.61	8.16	.004	
14	Anteil Mittelserie	FTYP10	2.10	6.97	.008	
15	Anteil Varianten	FERT11	2.07	7.27	.007	
16	Anzahl Teilestammsätze	DISP02	1.96	7.28	.007	95%
17	Anteil Großserie	FTYP13	1.62	6.32	.012	
18	Mittlere Losgröße	MLOSGR	1.98	8.14	.004	
19	Nachfrageverlauf saisonal	VHS15	2.37	10.28	.001	
20	Anteil fremdbezogene Teile mengenmäßig	FERT37	3.64	16.83	.000	
21	Anzahl Ersatzteile	ALLG21	.71	3.76	.052	
22	Anteil der vielstufigen Erzeugnisse	VSTUF	.74	4.01	.045	
23	Umsatz / Jahr	ALLG19	1.64	9.25	.002	
24	Änderungshäufigkeit des Primärbedarfs	ERM21	.97	5.81	.016	
25	Anteil Teilefertigung auf Zwischenlager	DISP01	.70	4.36	.037	
26	Durchlaufzeit der Erzeugnisse Gesamt	DLZ	.68	4.42	.035	
27	Anzahl Arbeitsvorgänge / Teil	FERT53	.62	4.19	.041	
28	Nachfrageverlauf sporadisch	VHS16	.33	2.42	.119	
29	Auflagehäufigkeit Großserie	FTYP15	.24	1.84	.174	
30	Zahl neuer Stücklisten / Monat	STL04	.27	2.13	.144	
31	Kundenwünsche während der Fertigung	KWFERT	.21	1.68	.194	
32	Auflagehäufigkeit wiederholte Einzelfertigung	FTYP03	.16	1.38	.239	
33	Teilefertigung in Linie	EFERTLIN	.18	1.55	.213	
34	Nachfrageverlauf progressiv	VHS14	.33	2.90	.088	
35	Qualitätsanforderungen an Funktion	ALLG15	.20	1.87	.171	
36	Anteil Kleinstserie	FTYP04	.24	2.29	.130	
37	Anteil Wiederholteile	FERT54	.13	1.32	.250	
38	Nachfrageverlauf schwankend	VHS12	.11	1.19	.274	
39	Anteil Fertigung auf Lager	FERT19	.06	.69	.404	
40	Anteil Kleinserie	FTYP07	.25	2.68	.101	
41	Nachfrageverlauf linear	VHS13	.06	.74	.388	
42	Anteil ungeplanter Lagerentnahmen	BFG15	.06	.75	.384	
43	Anteil Einzelfertigung	FTYP01	.08	.95	.328	
44	Anteil wiederholte Einzelfertigung	FTYP02	.13	1.70	.191	
45	Organisationseinheit	ALLG02	.01	.20	.651	
46	Qualitätsanforderungen an Werkstoff	ALLG14	.02	.27	.597	
47	Anteil fremdbezogene Teile wertmäßig	FERT38	.02	.34	.560	

Bild 51: Einflußgrößen auf die Verfahren zur Durchlaufterminierung

LFD. NR.	STRUKTURMERKMALE	KURZZEICHEN	F-WERT	ZUWACHS BEI RAOS V	SIGNI- FIKANZ	ERREICHBARE ZUORDNUNGS- QUALITÄT
1	Durchlaufzeit der Erzeugnisse Fertigung	DLZFERT	17. 98	17. 98	.000	
2	Mittlere Anzahl der Teile pro Produkt	MTZAHL	5. 50	10. 08	.001	
3	Anzahl unterschiedlicher Produkte	ALLG20	7. 19	14. 54	.000	
4	Zahl neuer Stücklisten/Monat	STL04	3. 34	7. 66	.006	
5	Zahl Stücklistenänderungen/Monat	STL03	1. 66	4. 08	.043	90%
6	Auflagehäufigkeit Mittelserie	FTYP12	1. 68	4. 31	.038	
7	Anteil der Teile mit erhöhter Ausschußgefahr	ALLG17	1. 75	4. 69	.030	
8	Unternehmensart	ALLG01	2. 00	5. 63	.018	
9	Qualitätsanforderungen an Werkstoff	ALLG14	2. 77	8. 18	.004	
10	Anteil Mittelserie	FTYP10	1. 58	5. 00	.025	
11	Anzahl aktiver Stücklisten	STL02	1. 43	4. 74	.029	
12	Nachfrageverlauf sporadisch	VHS16	. 90	3. 13	.077	
13	Endmontage in Linie	EMONTLIN	1. 03	3. 70	.054	
14	Mittlere Losgröße	MLOSGR	. 84	3. 11	.077	
15	Anteil Großserie	FTYP13	1. 66	6. 39	.011	95%
16	Nachfrageverlauf saisonal	VHS15	2. 25	9. 14	.002	
17	Anteil Wiederholteile	FERT54	1. 56	6. 76	.009	
18	Umsatz/Jahr	ALLG19	1. 66	7. 57	.006	
19	Durchlaufzeit der Erzeugnisse Gesamt	DLZ	1. 88	9. 06	.003	
20	Auflagenhäufigkeit der Großserie	FTYP15	1. 71	8. 78	.003	
21	Anzahl Lagerbewegungen /Tag	BFG07	1. 63	8. 87	.003	
22	Änderungshäufigkeit des Primärbedarfs	ERM21	1. 82	10. 27	.001	
23	Nachfrageverlauf schwankend	VHS12	1. 48	8. 87	.003	
24	Anzahl Arbeitsvorgänge/Teil	FERT53	1. 35	8. 55	.003	
25	Auflagehäufigkeit wiederholte Einzelfertigung	FTYP03	1. 13	7. 56	.006	
26	Anteil Varianten	FERT11	. 83	5. 83	.016	
27	Anteil der vielstufigen Erzeugnisse	VSTUF	1. 24	8. 93	.003	
28	Anzahl Teilestammsätze	DISP02	. 32	2. 47	.115	
29	Anzahl Beschäftigte	ALLG18	. 39	3. 10	.078	
30	Anzahl Ersatzteile	ALLG21	. 49	3. 97	.046	
31	Anteil fremdbezogene Teile mengenmäßig	FERT37	. 31	2. 65	.103	
32	Qualitätsanforderungen an Funktion	ALLG15	. 24	2. 26	.133	
33	Nachfrageverlauf progressiv	VHS14	. 63	5. 96	.015	
34	Teilefertigung in Linie	EFERTLIN	. 23	2. 32	.127	
35	Qualitätsanforderungen an Oberfläche	ALLG12	. 23	2. 42	.119	
36	Nachfrageverlauf linear	VHS13	. 31	3. 32	.068	
37	Kundenwünsche während der Fertigung	KWFERT	. 22	2. 50	.114	
38	Anteil Teilefertigung auf Zwischenlager	DISP01	. 16	1. 91	.166	
39	Organisationseinheit	ALLG02	. 09	1. 12	.288	
40	Qualitätsanforderungen an Form	ALLG13	. 09	1. 19	.274	
41	Anteil wiederholte Einzelfertigung	FTYP02	. 09	1. 13	.276	
42	Anteil Einzelfertigung	FTYP01	. 10	1. 29	.254	
43	Auflagehäufigkeit Kleinstserie	FTYP06	. 07	. 93	.334	
44	Anteil fremdbezogene Teile wertmäßig	FERT38	. 01	. 15	.696	
45	Anteil Kleinserie	FTYP07	. 01	. 24	.619	

Bild 52: Einflußgrößen auf die Verfahren zur Kapazitätsbelastungsübersicht

LFD. NR.	STRUKTURMERKMALE	KURZZEICHEN	F-WERT	ZUWACHS BEI RAOS V	SIGNI-FIKANZ	ERREICHBARE ZUORDNUNGS-QUALITÄT
1	Durchlaufzeit der Erzeugnisse Fertigung	DLZFERT	13. 42	13. 42	.000	
2	Zahl Stücklistenänderungen/Monat	STL03	6. 01	7. 27	.007	80%
3	Durchlaufzeit der Erzeugnisse Gesamt	DLZ	5. 24	6. 99	.008	
4	Anteil Teilefertigung auf Zwischenlager	DISP01	3. 86	6. 22	.013	
5	Qualitätsanforderungen an Werkstoff	ALLG14	3. 81	6. 60	.010	
6	Anzahl unterschiedlicher Produkte	ALLG20	2. 94	5. 47	.019	
7	Anteil Mittelserie	FTYP10	2. 41	5. 12	.024	
8	Qualitätsanforderungen an Oberfläche	ALLG12	4. 08	9. 15	.002	90%
9	Anteil wiederholte Einzelfertigung	FTYP02	3. 35	8. 16	.004	
10	Anteil der Teile mit erhöhter Ausschußgefahr	ALLG17	2. 27	5. 92	.015	
11	Nachfrageverlauf schwankend	VHS12	1. 70	4. 70	.030	
12	Nachfrageverlauf saisonal	VHS15	1. 21	3. 51	.061	
13	Anteil fremdbezogene Teile wertmäßig	FERT38	1. 12	3. 49	.062	95%
14	Auflagehäufigkeit wiederholte Einzelfertigung	FTYP03	1. 37	4. 44	.035	
15	Umsatz/Jahr	ALLG19	1. 70	5. 75	.016	
16	Mittlere Losgröße	MLOSGR	1. 25	4. 46	.035	
17	Auflagehäufigkeit Großserie	FTYP13	1. 49	5. 53	.019	
18	Nachfrageverlauf sporadisch	VHS16	.89	3. 41	.065	
19	Endmontage in Linie	EMONTLIN	1. 38	5. 49	.019	
20	Anzahl Ersatzteile	ALLG21	.92	3. 84	.050	
21	Anzahl Teilestammsätze	DISP02	1. 55	6. 71	.010	
22	Anteil der vielstufigen Erzeugnisse	VSTUF	1. 26	5. 77	.016	
23	Zahl neuer Stücklisten/Monat	STL04	.95	4. 56	.033	
24	Anteil fremdbezogene Teile mengenmäßig	FERT37	.91	4. 54	.033	
25	Mittlere Anzahl der Teile pro Produkt	MTZAHL	.47	2. 46	.117	
26	Anzahl Beschäftigte	ALLG18	.44	2. 41	.120	
27	Anteil ungeplanter Lagerentnahmen	BFG15	.56	3. 16	.075	
28	Auflagehäufigkeit Kleinserie	FTYP09	.48	2. 78	.095	
29	Anteil Einzelfertigung	FTYP01	.56	3. 36	.067	
30	Auflagehäufigkeit Großserie	FTYP15	.53	3. 32	.068	
31	Nachfrageverlauf progressiv	VHS14	.46	3. 01	.082	
32	Unternehmensart	ALLG01	.20	1. 37	.240	
33	Auflagehäufigkeit Kleinstserie	FTYP06	.11	.79	.374	
34	Anteil Kleinstserie	FTYP04	.19	1. 33	.247	
35	Kundenwünsche während der Fertigung	KWFERT	.17	1. 28	.258	
36	Organisationseinheit	ALLG02	.23	1. 71	.191	
37	Auflagehäufigkeit Mittelserie	FTYP12	.11	.89	.345	
38	Teilefertigung in Linie	EFERTLIN	.12	.96	.326	
39	Anzahl aktiver Stücklisten	STL02	.07	.64	.422	
40	Qualitätsanforderungen an Funktion	ALLG15	.12	1. 04	.307	
41	Anteil Varianten	FERT11	.06	.55	.457	
42	Nachfrageverlauf linear	VHS13	.03	.35	.552	
43	Änderungshäufigkeit des Primärbedarfs	ERM21	.05	.55	.455	
44	Anzahl Arbeitsvorgänge/Teil	FERT53	.04	.39	.529	
45	Qualitätsanforderungen an Form	ALLG13	.06	.68	.408	
46	Anteil Kleinserie	FTYP07	.07	.77	.378	

Bild 53: Einflußgrößen auf die Verfahren zum
Kapazitätsabgleich

LFD. NR.	STRUKTURMERKMALE	KURZZEICHEN	F-WERT	ZUWACHS BEI RAOS V	SIGNI-FIKANZ	ERREICHBARE ZUORDNUNGS-QUALITÄT
1	Durchlaufzeit der Erzeugnisse Fertigung	DLZFERT	13.35	13.35	.000	80%
2	Anzahl Teilestammsätze	DISP02	5.98	7.19	.007	
3	Anteil Kleinstserie	FTYP04	4.56	6.03	.014	
4	Anzahl Beschäftigte	ALLG21	6.08	8.68	.003	
5	Anteil der Teile mit erhöhter Ausschußgefahr	ALLG17	3.57	5.64	.018	
6	Umsatz/Jahr	ALLG19	3.51	5.93	.015	
7	Baugruppenmontage in Linie	BMONTLIN	4.85	8.73	.003	90%
8	Anteil Wiederholteile	FERT54	2.10	4.12	.042	
9	Zahl Stücklistenänderungen/Monat	STL03	1.87	3.85	.050	
10	Anteil wiederholte Einzelfertigung	FTYP02	2.45	5.28	.022	
11	Anteil Varianten	FERT11	1.99	4.54	.033	
12	Änderungshäufigkeit des Primärbedarfs	ERM21	1.67	3.98	.046	
13	Anteil Mittelserie	FTYP10	1.36	3.38	.066	
14	Auflagehäufigkeit Kleinserie	FTYP09	1.77	4.59	.032	95%
15	Endmontage in Linie	EMONTLIN	1.14	3.22	.072	
16	Mittlere Anzahl der Teile pro Produkt	MTZAHL	1.19	3.51	.061	
17	Auflagehäufigkeit Großserie	FTYP15	1.27	3.88	.049	
18	Anteil Kleinserie	FTYP07	1.70	5.43	.020	
19	Anzahl Lagerbewegungen/Tag	BFG07	1.93	6.46	.011	
20	Durchlaufzeit der Erzeugnisse Gesamt	DLZ	1.64	5.81	.016	
21	Auflagehäufigkeit Mittelserie	FTYP12	1.35	4.94	.026	
22	Unternehmensart	ALLG01	1.58	6.05	.014	
23	Anzahl aktiver Stücklisten	STL02	1.14	4.60	.032	
24	Anteil Einzelfertigung	FTYP01	1.47	6.17	.013	
25	Nachfrageverlauf linear	VHS13	.73	3.25	.071	
26	Anteil Großserie	FTYP13	.76	3.48	.062	
27	Mittlere Losgröße	MLOSGR	.76	3.60	.058	
28	Anzahl unterschiedlicher Produkte	ALLG20	1.24	6.14	.013	
29	Anteil Teilefertigung auf Zwischenlager	DISP01	.84	4.39	.036	
30	Anzahl Beschäftigte	ALLG18	.95	5.15	.023	
31	Auflagehäufigkeit wiederholte Einzelfertigung	FTYP03	1.05	5.96	.015	
32	Kundenwünsche während der Fertigung	KWFERT	.87	5.19	.023	
33	Nachfrageverlauf schwankend	VHS12	.52	3.25	.071	
34	Organisationseinheit	ALLG02	.47	3.07	.079	
35	Teilefertigung in Linie	EFERTLIN	.64	4.30	.038	
36	Anzahl Arbeitsvorgänge/Teil	FERT53	.42	3.00	.083	
37	Anteil fremdbezogene Teile wertmäßig	FERT38	.34	2.51	.113	
38	Anteil der vielstufigen Erzeugnisse	VSTUF	.22	1.68	.194	
39	Nachfrageverlauf progressiv	VHS14	.26	2.09	.148	
40	Qualitätsanforderungen an Funktion	ALLG15	.65	5.30	.021	
41	Qualitätsanforderungen an Werkstoff	ALLG14	.31	2.73	.098	
42	Qualitätsanforderungen an Oberfläche	ALLG12	.21	1.94	.163	
43	Anteil ungeplanter Lagerentnahmen	BFG15	.11	1.10	.293	
44	Anteil fremdbezogene Teile mengenmäßig	FERT37	.18	1.77	.183	
45	Nachfrageverlauf saisonal	VHS15	.06	.65	.417	
46	Qualitätsanforderungen an Form	ALLG13	.08	.91	.338	
47	Nachfrageverlauf sporadisch	VHS16	.01	.18	.663	

Bild 54: Einflußgrößen auf die Verfahren zur Reihenfolgeplanung

10.3   Anwendungsbreite der Verfahrenskomponenten
"Hilfsmittel" und "Durchführungshäufigkeit"

Stücklistenorganisation

Die Stücklistenorganisation wird von ca. 7o% der befragten Unternehmen mit EDV-Unterstützung durchgeführt (Bild 55) und steht
somit nach der Bestandsführung an zweiter Stelle, was die EDV-
Durchdringung der Fertigungssteuerung betrifft.

Zum Einsatz kommen hier sämtliche Arten von Hilfsmittel. Da die
Stücklistenorganisation als Aufgabe der Grunddatenverwaltung
nicht unbedingt mit anderen Fertigungssteuerungsaufgaben inte-
griert ablaufen muß, werden in beschränktem Umfang Magnetkontencomputer eingesetzt. Stapelverarbeitungsorientierte EDV-Anlagen
nehmen die größte Zahl der Nennungen ein. Der Einsatz dialogorientierter EDV-Anlagen liegt mit 12% weit über dem anderer
Fertigungssteuerungsaufgaben .

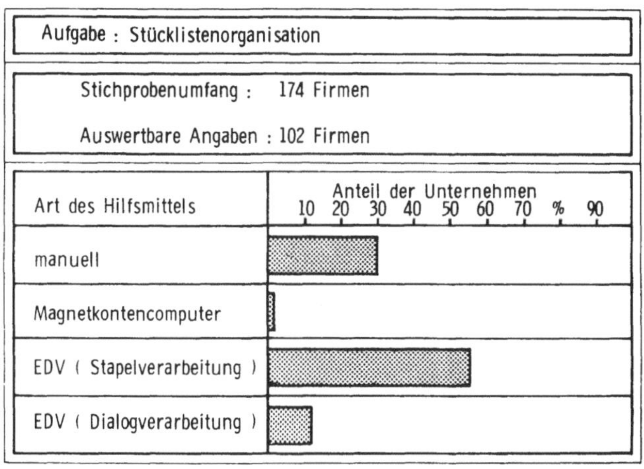

Bild 55: Hilfsmitteleinsatz bei der Stücklistenorganisation

Daß der Aktualität der Stücklistendaten große Bedeutung zuge-
messen wird, zeigt die in Bild 56 dargestellte Durchführungshäufigkeit. Demnach werden sowohl bei manuellen als auch EDV-
unterstützten Verfahren in der Mehrzahl mindestens wöchentlich
die Stücklistendaten auf den neuesten Stand gebracht.

Aufgabe: Stücklistenorganisation													
Stichprobenumfang: 174 Firmen							Auswertbare Angaben: 67 Firmen						
Durchführungshäufigkeit	Anteil der Unternehmen [%]												
	EDVunterstützt							manuell						
	70	60	50	40	30	20	10	10	20	30	40	50	60 70
bei Bedarf													
täglich													
wöchentlich													
14-tägig													
monatlich													
1/4 -jährlich													
1/2 - jährlich													
jährlich													

Bild 56: Durchführungshäufigkeit der Stücklistenorganisation

Bestandsführung

Zur Bewältigung dieser Aufgabe verwenden nur noch 2o% der Unternehmen manuelle Hilfsmittel (Bild 57). Bei den EDV-technischen Hilfsmitteln fällt der hohe Einsatz an dialog-orientierten EDV-Systemen auf, der hier noch um 1% höher liegt als bei der Stücklistenorganisation. Auch Magnetkonten-computer sind mit dem üblichen Anteil vertreten.

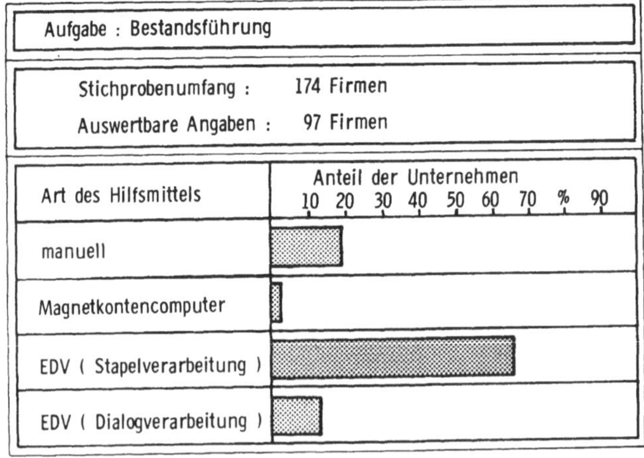

Aufgabe : Bestandsführung	
Stichprobenumfang : 174 Firmen	
Auswertbare Angaben : 97 Firmen	
Art des Hilfsmittels	Anteil der Unternehmen 10 20 30 40 50 60 70 % 90
manuell	
Magnetkontencomputer	
EDV (Stapelverarbeitung)	
EDV (Dialogverarbeitung)	

Bild 57: Hilfsmitteleinsatz bei der Bestandsführung

- 137 -

Bei der Durchführungshäufigkeit (Bild 58) fällt die starke Streu-
Streuung bei Anwendern EDV-technischer Hilfsmittel auf, während
bei manuellen Hilfsmitteln die tagesgenaue Bestandsführung eindeutig überwiegt. Mögliche Ursachen dieser Streuung bei EDV-Anwendern sind zum einen die differenzierte Disposition der A-,B-
und C-Teile, zum anderen zeigt sich hier der Nachteil stapelverarbeitungsorientierter EDV-Systeme, bei denen die Forderung
nach Aktualität aufgrund der umständlichen Datenerfassung über
Ablochbelege nur mit erhöhtem Aufwand erfüllt werden kann. So
schreiben viele Unternehmen nicht wie eigentlich notwendig täglich, sondern wöchentlich bis monatlich ihre Bestände fort.

Aufgabe : Bestandsführung		
Stichprobenumfang 174 Firmen	Auswertbare Angaben 87 Firmen	
Durch-führungs-häufigkeit	Anteil der Unternehmen %	
	EDV-unterstützt	manuell
	70 60 50 40 30 20 10	10 20 30 40 50 60 70
bei Bedarf		
täglich		
wöchentlich		
14-tägig		
monatlich		
1/4 jährlich		
1/2		
jährlich		

Bild 58: Durchführungshäufigkeit der Bestands-
          führung

Verfügbarkeitskontrolle

Die Verfügbarkeitskontrolle hat den Zweck, vor Freigabe der
Fertigungsaufträge zu überprüfen, ob die zur Fertigung benötig-
ten Materialien, Teile, Werkzeuge und Vorrichtungen verfügbar
sind. Damit soll gewährleistet werden, daß von dieser Seite der
Fertigungsablauf ungestört bleibt. Dies setzt voraus, daß die
Durchführung unmittelbar vor der Freigabe der Aufträge erfolgt.
Wie Bild 59 zeigt, werden hierfür Magnetkontencomputer nicht
eingesetzt. Sie wären zwar aufgrund des jederzeit möglichen

und damit aktuellen Datenzugriffs geeignet. Da die Verfügbarkeitskontrolle jedoch Sortiervorgänge beinhaltet, die mit Magnetkontencomputern nur mit einem hohen manuellen Aufwand durchzuführen wären, eignen sie sich unter diesem Aspekt nicht. So dominieren auch hier stapelverarbeitungsorientierte EDV-Systeme, wobei dialogorientierte Systeme auch hier aufgrund der notwendigen Aktualität mit 12% über dem Durchschnitt anderer Fertigungssteuerungsaufgaben liegen.

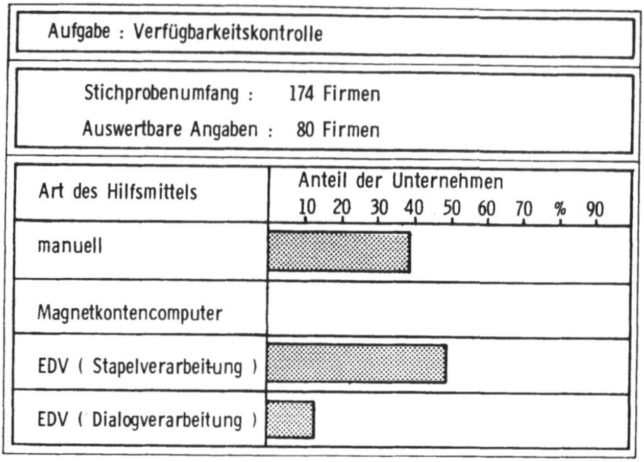

Bild 59: Hilfsmitteleinsatz bei der Verfügbarkeitskontrolle

Der kurzfristige Charakter dieser Aufgabe zeigt sich im Durchführungsrhythmus (Bild 60). Die tägliche Durchführung bei rund 35% der EDV-unterstützten Systeme läßt erkennen, daß auch Anwender stapelverarbeitungsorientierter EDV-Systeme aufgrund der betrieblichen Notwendigkeit den gegenüber einem bildschirmunterstützten Verfahren für eine tägliche Durchführung erhöhten Mehraufwand in Kauf nehmen. Es ist jedoch zu erwarten, daß diese Anwender bei Neuinvestitionen auf dialogorientierte Lösungen übergeben.

Daß in den meisten EDV-unterstützten Fertigungssteuerungssystemen (37%) die Verfügbarkeitskontrolle wöchentlich durchgeführt
wird, läßt sich folgendermaßen begründen: Die Freigabe der
Aufträge erfolgt in der Regel im Anschluß an die Reihenfolgeplanung und richtet sich mit ihrer Durchführungshäufigkeit
an dieser Aufgabe aus.

Aufgabe: Verfügbarkeitskontrolle														
Stichprobenumfang: 174 Firmen							Auswertbare Angaben: 51 Firmen							
Durch-führungs-häufigkeit	Anteil der Unternehmen [%]													
	EDV-unterstützt							manuell						
	70	60	50	40	30	20	10	10	20	30	40	50	60	70
bei Bedarf								▓	▓	▓				
täglich				▨	▨	▨	▨	▓	▓					
wöchentlich				▨	▨	▨		▓	▓					
14-tägig						▨								
monatlich							▨	▓						
1/4-jährlich							▨							
1/2-jährlich														
jährlich														

Bild 60: Durchführungshäufigkeit der Verfüg-
              barkeitskontrolle

Bruttobedarfsermittlung

Über ein Drittel der Unternehmen führt die Bruttobedarfsermittlung manuell durch (Bild 61). Magnetkontencomputer sind
kaum eingesetzt, da sie nur für eine einstufige Auflösung von
Stücklisten geeignet sind. Da die Produkte im Maschinenbau überwiegend mehrstufig sind, ist eine Auflösung mit Magnetkontencomputern mit hohem manuellen Aufwand verbunden. Die Mehrzahl
der EDV-Anwender setzt stapelverarbeitungsorientierte EDV-
Systeme ein. Dialogorientierte Hilfsmittel bieten hier zwar
die Möglichkeit der direkten Eingabe und Abfrage der Daten
und ersparen die Zwischenerstellung maschinell lesbarer Datenträger bzw. die Ausgabe der Bedarfsdaten auf Listen. Sie sind
jedoch aus rein aufgabenbezogener Sicht nicht erforderlich.

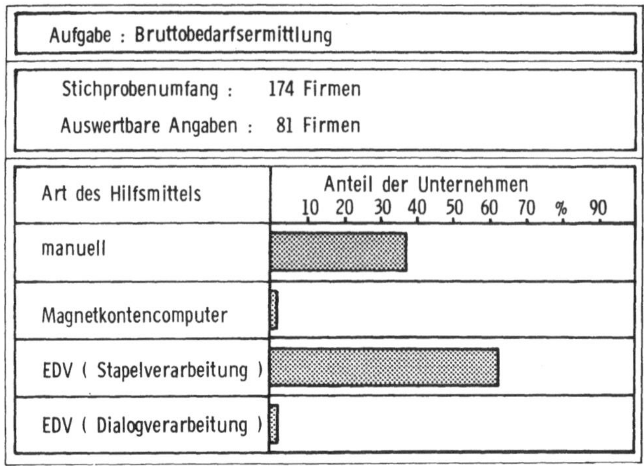

Bild 61: Hilfsmitteleinsatz bei der Brutto-
         bedarfsermittlung

Die Bruttobedarfsermittlung hat kurz- bis mittelfristigen
Charakter (Bild 62). In manuellen Systemen wird der Bruttobedarf in der Mehrzahl täglich oder monatlich errechnet. Diese
Schwerpunkte deuten zum einen auf Kundenauftragsfertigung,
zum anderen auf Lagerfertigung hin. Bei Kundenauftragsfertigung
nämlich werden die täglich eingehenden Kundenaufträge sofort
aufgelöst, um nicht durch Lagerbestand abgedeckten Bedarf durch
Eigenfertigungsaufträge oder Fremdbestellungen rechtzeitig ab-
decken zu können.

Lagerfertiger hingegen, die nach Produktionsprogramm fertigen,
ermitteln den Bruttobedarf monatlich oder in noch längeren Zeitabständen. Bei EDV-Anwendern verwischen zum Teil EDV-organisato-
rische Überlegungen die Einflüsse der Auftragsart. Hier überwiegt der 14-tägige und monatliche Durchführungsrhythmus gegenüber dem wöchentlichen. Die tägliche Bruttobedarfsermittlung
entfällt gänzlich.

Aufgabe:	Bruttobedarfsermittlung
Stichprobenumfang: 174 Firmen	Auswertbare Angaben: 60 Firmen

Durch-führungs-häufigkeit	Anteil der Unternehmen [%]	
	EDV-unterstützt 70 60 50 40 30 20 10	manuell 10 20 30 40 50 60 70
bei Bedarf		
täglich		
wöchentlich		
14-tägig		
monatlich		
1/4-jährlich		
1/2-jährlich		
jährlich		

Bild 62: Durchführungshäufigkeit der Bruttobedarfsermittlung

Nettobedarfsermittlung

Ebenso wie bei den bisherigen Aufgaben überwiegt auch hier
der Einsatz stapelverarbeitungsorientierter EDV-Systeme
(Bild 63). Die Gründe für den unterdurchschnittlichen Einsatz
dialogorientierter EDV-Anlagen liegen hier darin, daß bei Vor-
liegen des Bruttobedarfs sowie der Bestände der Nettobedarf

Aufgabe: Nettobedarfsermittlung	
Stichprobenumfang: 174 Firmen	
Auswertbare Angaben: 68 Firmen	

Art des Hilfsmittels	Anteil der Unternehmen 10 20 30 40 50 60 70 % 90
manuell	
Magnetkontencomputer	
EDV (Stapelverarbeitung)	
EDV (Dialogverarbeitung)	

Bild 63: Hilfsmitteleinsatz bei der Nettobedarfsermittlung

rechnerintern ermittelt werden kann und kein Eingriff von seiten des Benutzers erforderlich ist.

In manuellen Fertigungssteuerungssystemen streut die Durchführungshäufigkeit zwischen täglich und monatlich, wobei sowohl die tägliche als auch die monatliche Durchführung genannt werden (Bild 64). Diese Häufigkeiten korrespondieren mit denen der Bruttobedarfsermittlung. Die bei beiden Aufgaben bei manueller Durchführung zu beobachtende "Zweigipfeligkeit" der Häufigkeit der Nennungen erklärt sich aus der unterschiedlichen Auftragsart. Da im Maschinenbau kundenauftragsorientierte Fertigung und Lagerfertigung nebeneinander vorhanden sind, erfolgt sowohl die Brutto- als auch die Nettobedarfsrechnung für kundenspezifische Positionen sofort nach dem in der Regel täglich erfolgenden Auftragseingang. Für die Lagerfertigung dagegen ist eine wöchentliche oder sogar monatliche Rechnung ausreichend. Bei EDV-unterstützten Systemen wird den durch die gemischte Auftragsart bedingten Forderungen oft durch eine Kompromisslösung Rechnung getragen, so daß hier die 14-tägige Durchführung in der Bedarfsrechnung überwiegt.

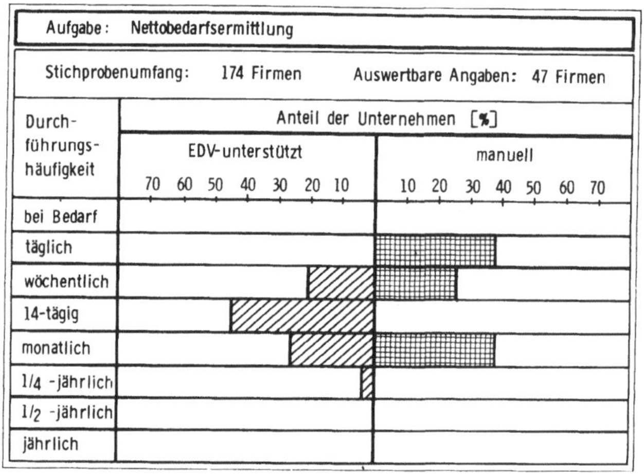
Aufgabe: Nettobedarfsermittlung
Stichprobenumfang: 174 Firmen
Auswertbare Angaben: 47 Firmen
Durch-führungs-häufigkeit
Anteil der Unternehmen [%]
EDV-unterstützt
manuell
70 60 50 40 30 20 10
10 20 30 40 50 60 70
bei Bedarf
täglich
wöchentlich
14-tägig
monatlich
1/4 -jährlich
1/2 -jährlich
jährlich

Bild 64: Durchführungshäufigkeit der Nettobedarfsermittlung

Bestellrechnung

Einfache Verarbeitungsregeln in Verbindung mit hoher Daten-
intensität begünstigen hier den Einsatz EDV-technischer Hilfsmittel, wobei die Stapelverarbeitung überwiegt (Bild 65).
Dies mag daran liegen, daß die Bestellrechnung den Abschluß der
Bedarfsrechnung darstellt und die Übergänge von der Bruttobedarfsermittlung her rechnerintern abgewickelt werden können.

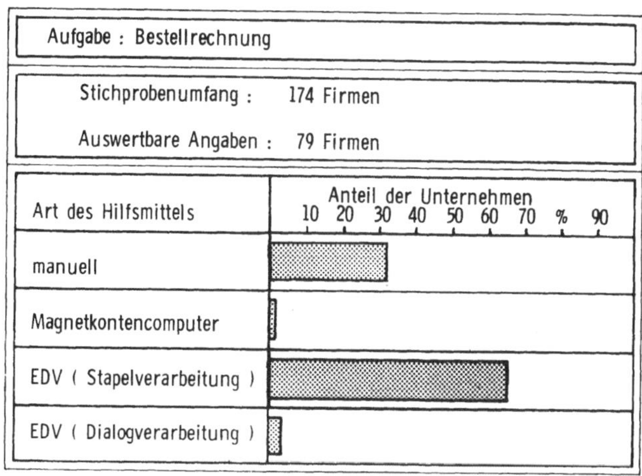

Bild 65: Hilfsmitteleinsatz bei der Bestellrechnung

Bei manueller Durchführung setzt sich der bei Brutto- und Nettobedarfsrechnung vorhandene Rhythmus fort (Bild 66). Der Anteil
der täglichen Durchführung bei diesen Aufgaben verschiebt sich
jedoch hier zu Gunsten der wöchentlichen Durchführung. Damit
wird zum einen erreicht, daß die während der Woche auflaufenden
Nettobedarfe zu kostenoptimalen Mengen (Losgrößen) zusammengefaßt werden können. Andererseits verhindert man damit ein An-
steigen des Aufwands für die Bestellschreibung, da hiermit
mehrere Bestellungen zu einer einzigen zusammengefaßt werden
können. Bei EDV-unterstützter Durchführung überwiegt wiederum
der 14-tägige Rhythmus als Kompromisslösung der Forderungen aus
Auftrags- und Lagerfertigung.

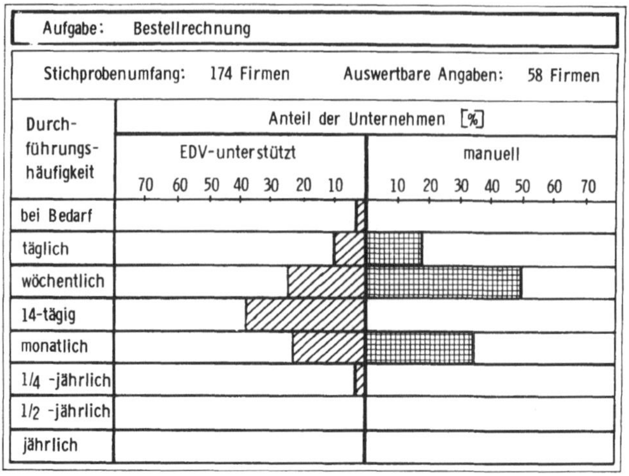

Bild 66: Durchführungshäufigkeit der Bestellrechnung

Lagerhaltungspolitik

Die Lagerhaltungspolitik dient u.a. dem Zweck, die Lagerbestände
einschließlich Mindest- und Sicherheitsbeständen in ihrer Höhe
so zu bemessen, daß der gewünschte Lieferbereitschaftsgrad der
Läger für Fertigung und Montage mit möglichst geringer Kapital-
bindung erreicht werden kann. Über 80% der Maschinenbauunter-
nehmen führen diese Arbeit manuell durch (Bild 67). Da eine

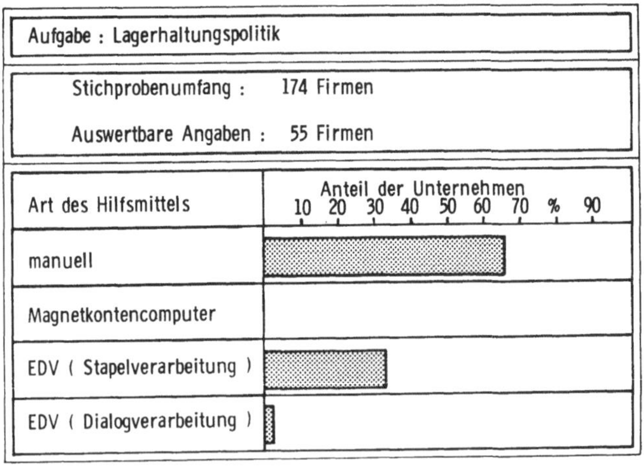

Bild 67: Hilfsmitteleinsatz bei der Lagerhaltungspolitik

maschinelle Durchführung nur zusätzlich zu den übrigen Aufgaben
der Materialwirtschaft zweckmäßig ist (geringe Wiederholhäufig-
keit der Aufgabe, genaue Bestands-, Bedarfs- und Verbrauchsdaten
müssen vorhanden sein) ist der Anteil an EDV-unterstützter Durchführung erwartungsgemäß gering. Hinzu kommt, daß diese Aufgabe
nicht vollständig algorithmierbar ist, da unternehmenspolitische
Überlegungen die Aufgabenerfüllung mit beeinflussen.

Bei der Durchführung dieser Aufgabe ist kein klarer Rhythmus
zu erkennen (Bild 68). Im Falle der manuellen Bestandsplanung zeichnet sich die Neigung zu vierteljährlicher und
bedarfsweiser Durchführung ab, während eine EDV-unterstützte
Bestandsplanung in der Mehrzahl der Fälle wöchentlich bis
vierteljährlich durchgeführt wird.

Aufgabe: Lagerhaltungspolitik		
Stichprobenumfang: 174 Firmen	Auswertbare Angaben: 19 Firmen	

Durch-führungs-häufigkeit	Anteil der Unternehmen [%]	
	EDV-unterstützt 70 60 50 40 30 20 10	manuell 10 20 30 40 50 60 70
bei Bedarf		
täglich		
wöchentlich		
14-tägig		
monatlich		
1/4-jährlich		
1/2-jährlich		
jährlich		

Bild 68: Durchführungshäufigkeit der Lagerhaltungspolitik

Arbeitsplanorganisation

Der Arbeitsplan hat für die Termin- und Kapazitätsplanung die-
selbe grundlegende Bedeutung wie die Stückliste für die Materialbewirtschaftung. Dies erklärt, daß 60% der Unternehmen eine maschinelle Lösung vorweisen (Bild 69). Besonders hervorzuheben ist
die Anwendung der Dialogverarbeitung innerhalb dieser Aufgabe.

Magnetkontencomputer sind mit dem üblichen Anteil vertreten.
Da im Rahmen der Dialogverarbeitung über Bildschirm auf einfache
und schnelle Weise Arbeitspläne gesucht, geändert, gelöscht und
neue Arbeitspläne durch Duplizieren und Verändern ähnlicher bereits vorhandener Arbeitspläne geschaffen werden können, ist
eine derartige Lösung hier besonders vorteilhaft. Die Dialogverarbeitung bietet darüber hinaus die Möglichkeit der soforti-
gen Verarbeitung, so daß die Arbeitsplandaten ständig auf aktuel-
lem Stand gehalten werden können.

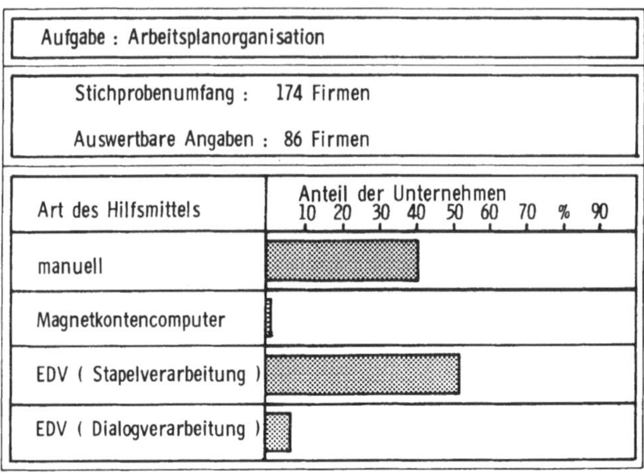

Bild 69: Hilfsmitteleinsatz bei der Arbeitsplanorganisation

Die Forderung nach Aktualität zeigt sich im Durchführungsrhythmus dieser Aufgabe (Bild 70). Sowohl in manuellen
als auch EDV-unterstützten Systemen überwiegt die tägliche
Durchführung. Die im Vergleich zu der Anzahl der Nennungen
der täglichen Durchführung geringere Anzahl der Nennungen
dialogorientierter Hilfsmittel läßt schließen, daß auch
einige Anwender stapelverarbeitungsorientierter Systeme aus
problemspezifischen Gründen den Mehraufwand für eine tägliche
Verarbeitung in Kauf nehmen. Über 4o% der maschinellen Ver-
arbeitungen erfolgen jedoch in wöchentlichem Rhythmus.

Aufgabe:	Arbeitsplanorganisation		
Stichprobenumfang: 174 Firmen		Auswertbare Angaben: 56 Firmen	

Durch-führungs-häufigkeit	Anteil der Unternehmen [%]	
	EDV-unterstützt	manuell
	70 60 50 40 30 20 10	10 20 30 40 50 60 70
bei Bedarf		
täglich		
wöchentlich		
14-tägig		
monatlich		
1/4 -jährlich		
1/2 -jährlich		
jährlich		

Bild 70: Durchführungshäufigkeit der Arbeits-
       planorganisation

Durchlaufterminierung

Die Durchlaufterminierung zur Ermittlung von Start-, Zwischen-
und Endterminen auf der Basis teilebezogener Durchlaufzeiten
erfolgt in der Mehrzahl der Maschinenbaubetriebe maschinell,

Aufgabe : Durchlaufterminierung	
Stichprobenumfang : 174 Firmen	
Auswertbare Angaben : 76 Firmen	

Art des Hilfsmittels	Anteil der Unternehmen 10 20 30 40 50 60 70 % 90
manuell	
Magnetkontencomputer	
EDV (Stapelverarbeitung)	
EDV (Dialogverarbeitung)	

Bild 71: Hilfsmitteleinsatz bei der Durchlauf-
       terminierung

(Bild 71), wobei Magnetkontencomputer im gesamten Bereich der Auftragsabwicklung fehlen. Die Praxis bestätigt hier die in Kap. 3.1.1 mit Hinweis auf den mit Magnetkontencomputern nicht zu bewältigenden Datenumfang gemachten Aussagen. Die gegenüber EDV-unterstützter Durchlaufterminierung vergleichsweise häufig genannte bedarfsweise und tägliche Durchführung in manuellen Systemen zeigt die Flexibilität manueller Hilfsmittel. Dem steht jedoch der mögliche Detaillierungsgrad und die Fähigkeit zur Berücksichtigung gegenseitiger Auftragsabhängigkeiten bei EDV-unterstützten Systemen gegenüber.

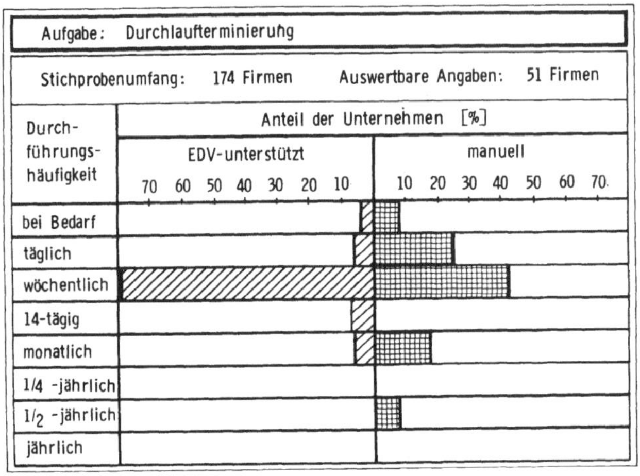

Bild 72: Durchführungshäufigkeit der Durchlaufterminierung

Während bei EDV-unterstützter Durchlaufterminierung die wöchentliche Durchführung mit Abstand überwiegt, streut die Durchführungshäufigkeit in manuell geführten Systemen zwischen bedarfsweise und halbjährlich (Bild 72). Am häufigsten wird sie jedoch wöchentlich durchgeführt.

Kapazitätsbelastungsübersicht

Der Aufwand für die Zuordnung von mit Start-, Zwischen- und Endterminen planerisch festliegenden Aufträgen zu den vorhandenen Kapazitäten führt gegenüber der Durchlaufterminierung zu vermehrter Anwendung EDV-technischer Hilfsmittel (Bild 73).

So nimmt der Anteil der für diese Aufgabe eingesetzten EDV-
technischen Hilfsmittel gegenüber der Durchlaufterminierung
deutlich zu.

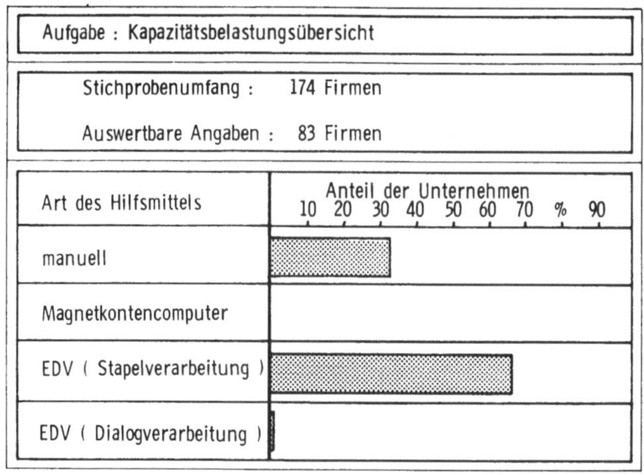

Bild 73: Hilfsmitteleinsatz bei der
Kapazitätsbelastungsübersicht

Daß die Kapazitätsbelastungsübersicht abhängig von der jeweiligen Auftragsart sowohl kurz- als auch mittelfristigen Charakter hat, wird in Bild 74 verdeutlicht. Der Rhythmus be-

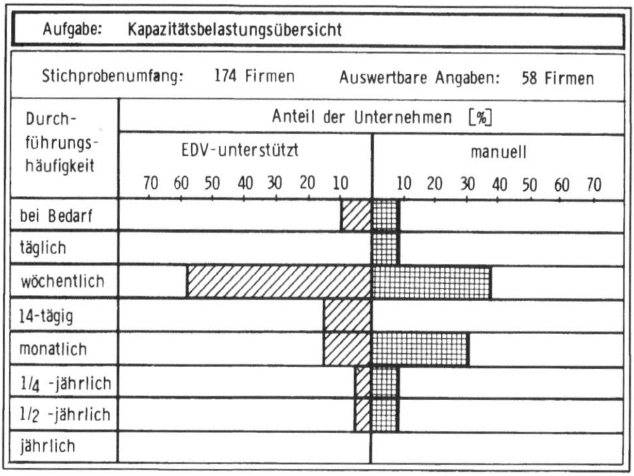

Bild 74: Durchführungshäufigkeit der
Kapazitätsbelastungsübersicht

trägt zwar mehrheitlich bei beiden Durchführungsarten (manuell
und EDV-unterstützt) eine Woche; die relativ große Zahl der
Nennungen der monatlichen Durchführung in manuellen Systemen
sowie des 14-tägigen und monatlichen Rhythmus in EDV-unterstützten Systemen deuten jedoch auf den unterstellten Einfluß
der Auftragsart hin.

Kapazitätsabgleich

Störungen im Fertigungsablauf lassen Plandaten schnell veralten.
Die bisher fehlende Möglichkeit, mit EDV-Anlagen auf wirtschaftliche Weise beliebig oft einen Kapazitätsabgleich vornehmen zu
können, haben den EDV-Einsatz hier bisher sicher ebenso in Grenzen gehalten, wie die für einen EDV-Einsatz zu erbringenden umfangreichen organisatorischen Vorarbeiten. Hinzu kommt die Ab-
neigung der Praktiker gegen zu wenig transparente Planungsalgo-
rithmen, wie sie hier beim Kapazitätsabgleich in Form von Methoden der Netzplantechnik gegeben sind. Dies führt dazu, daß im-
merhin 48% der Unternehmen den Kapazitätsabgleich manuell vornehmen (Bild 75). Dialogorientierte EDV-Systeme kommen - wie
überhaupt in der Auftragsabwicklung (Ausnahme:Arbeitsplan-
organisation) - noch wenig zum Tragen. Die Gründe liegen
in den bereits oben genannten langen Verarbeitungszeiten, die
sich im Falle dialogorientierter EDV-Systeme in Form unzumutbar

Aufgabe : Kapazitätsabgleich	
Stichprobenumfang :	174 Firmen
Auswertbare Angaben :	67 Firmen

Art des Hilfsmittels	Anteil der Unternehmen
manuell	
Magnetkontencomputer	
EDV (Stapelverarbeitung)	
EDV (Dialogverarbeitung)	

Bild 75: Hilfsmitteleinsatz beim
Kapazitätsabgleich

langer Antwortzeiten für den Benutzer bemerkbar machen würden.
Diese Gründe sind offensichtlich, wenn man bedenkt, daß die Verarbeitungszeiten bei derartigen Aufgaben im Bereich von ca.
5 Stunden liegen.

Die Durchführung erfolgt in manuellen Steuerungssystemen ähnlich
wie die Kapazitätsbelastungsrechnung überwiegend wöchentlich, in
zweiter Linie auch monatlich (Bild 76). Im Hinblick auf die Fris-
tigkeit gilt analog das bereits bei der Kapazitätsbelastungsrechnung Gesagte. Bei maschineller Durchführung überwiegt eindeutig der wöchentliche Rhythmus.

Aufgabe: Kapazitätsabgleich		
Stichprobenumfang: 174 Firmen	Auswertbare Angaben: 42 Firmen	
Durch-führungs-häufigkeit	Anteil der Unternehmen [%]	
	EDV-unterstützt 70 60 50 40 30 20 10	manuell 10 20 30 40 50 60 70
bei Bedarf		
täglich		
wöchentlich		
14-tägig		
monatlich		
1/4 jährlich		
1/2 -jährlich		
jährlich		

Bild 76: Durchführungshäufigkeit des
Kapazitätsabgleichs

Reihenfolgeplanung

Die Reihenfolgeplanung erfolgt anhand von Prioritäten unmittelbar vor der Auftragszuteilung an den Fertigungsbereich und
bildet somit den Abschluß der Planungstätigkeiten innerhalb
der Termin- und Kapazitätsplanung. Bezüglich des Einsatzes
EDV-technischer Hilfsmittel gilt hier noch in verstärktem
Maße das bereits im Rahmen des Kapazitätsabgleichs in bezug
auf die langen Verarbeitungszeiten Gesagte (Bild 77).

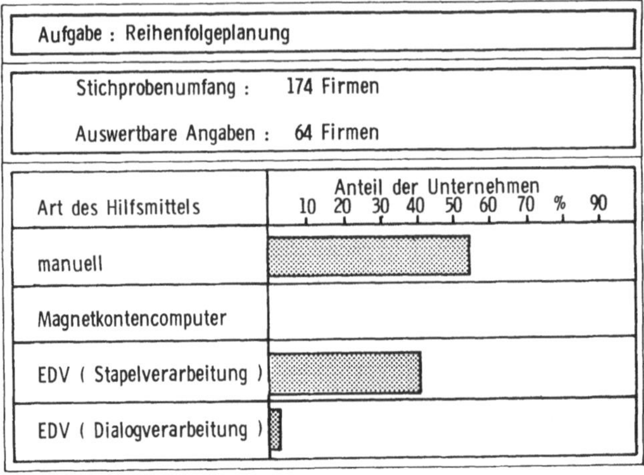

Bild 77: Hilfsmitteleinsatz bei der
Reihenfolgeplanung

Daß es sich hier um eine äußerst kurzfristige Aufgabe handelt,
zeigt auch die Analyse der Durchführungshäufigkeit, die in
allen Fällen mindestens wöchentlich erfolgt (Bild 78).

Aufgabe: Reihenfolgeplanung

Stichprobenumfang: 174 Firmen   Auswertbare Angaben: 32 Firmen

Durch-führungs-häufigkeit	Anteil der Unternehmen [%]	
	EDV unterstützt 90 80 50 40 30 20 10	manuell 10 20 30 40 50 60 70
bei Bedarf		
täglich		
wöchentlich		
14-tägig		
monatlich		
1/4 -jährlich		
1/2 -jährlich		
jährlich		

Bild 78: Durchführungshäufigkeit der
Reihenfolgeplanung

10. 4   Darstellung der in den Betriebstypen

angewendeten Verfahrenskomponenten

"Hilfsmittel" und "Durchführungshäufigkeit"

Aufgaben	Durchführungshäufigkeit							Art des Hilfsmittels			
	1/2-jährlich	1/4-jährlich	monatlich	14-tägig	wöchentlich	täglich	bei Bedarf	manuell	Magnetkontencomputer	EDV(Stapelverarbeitung)	EDV(Dialogverarbeitung)
Stücklistenorganisation						■				■	
Bestandsführung					■					■	
Verfügbarkeitskontrolle			■							■	
Bruttobedarfsermittlung			■							■	
Nettobedarfsermittlung			■							■	
Bestellrechnung			■							■	
Lagerhaltungspolitik					■					■	
Arbeitsplanorganisation						■				■	
Durchlaufterminierung					■					■	
Kapazitätsbelastungsübersicht					■					■	
Kapazitätsabgleich					■					■	
Reihenfolgeplanung					■					■	

■ = häufigste innerhalb des Typs verwendete Lösung

Bild 79: Hilfsmittel und Durchführungshäufigkeit in Betriebstyp 1

Aufgaben	Durchführungshäufigkeit							Art des Hilfsmittels			
	1/2-jährlich	1/4-jährlich	monatlich	14-tägig	wöchentlich	täglich	bei Bedarf	manuell	Magnetkontencomputer	EDV(Stapelverarbeitung)	EDV(Dialogverarbeitung)
Stücklistenorganisation					■			■			
Bestandsführung			■		■	■				■	
Verfügbarkeitskontrolle					■			■			
Bruttobedarfsermittlung					■			■			
Nettobedarfsermittlung			■		■	■		■			
Bestellrechnung			■		■	■		■			
Lagerhaltungspolitik					■			■			
Arbeitsplanorganisation					■			■			
Durchlaufterminierung					■			■			
Kapazitätsbelastungsübersicht					■					■	
Kapazitätsabgleich					■			■			
Reihenfolgeplanung					■			■			

■ = häufigste innerhalb des Typs verwendete Lösung

Bild 80: Hilfsmittel und Durchführungshäufigkeit
in Betriebstyp 2

Aufgaben	Durchführungshäufigkeit							Art des Hilfsmittels			
	1/2-jährlich	1/4-jährlich	monatlich	14-tägig	wöchentlich	täglich	bei Bedarf	manuell	Magnetkontencomputer	EDV (Stapelverarbeitung)	EDV (Dialogverarbeitung)
Stücklistenorganisation					■					■	
Bestandsführung					■					■	
Verfügbarkeitskontrolle					■					■	
Bruttobedarfsermittlung				■						■	
Nettobedarfsermittlung				■						■	
Bestellrechnung				■						■	
Lagerhaltungspolitik	■							■			
Arbeitsplanorganisation						■		■			
Durchlaufterminierung					■					■	
Kapazitätsbelastungsübersicht					■					■	
Kapazitätsabgleich					■					■	
Reihenfolgeplanung					■			■			

■ = häufigste innerhalb des Typs verwendete Lösung

Bild 81: Hilfsmittel und Durchführungshäufigkeit
in Betriebstyp 3

Aufgaben	Durchführungshäufigkeit							Art des Hilfsmittels			
	1/2-jährlich	1/4-jährlich	monatlich	14-tägig	wöchentlich	täglich	bei Bedarf	manuell	Magnetkontencomputer	EDV(Stapelverarbeitung)	EDV(Dialogverarbeitung)
Stücklistenorganisation						■				■	
Bestandsführung						■				■	
Verfügbarkeitskontrolle						■				■	
Bruttobedarfsermittlung				■						■	
Nettobedarfsermittlung				■						■	
Bestellrechnung				■						■	
Lagerhaltungspolitik							■	■			
Arbeitsplanorganisation						■				■	
Durchlaufterminierung					■					■	
Kapazitätsbelastungsübersicht					■					■	
Kapazitätsabgleich					■					■	
Reihenfolgeplanung					■					■	

■ = häufigste innerhalb des Typs verwendete Lösung

Bild 82: Hilfsmittel und Durchführungshäufigkeit
in Betriebstyp 4

Aufgaben	Durchführungshäufigkeit							Art des Hilfsmittels			
	1/2-jährlich	1/4-jährlich	monatlich	14-tägig	wöchentlich	täglich	bei Bedarf	manuell	Magnetkontencomputer	EDV(Stapelverarbeitung)	EDV(Dialogverarbeitung)
Stücklistenorganisation						■				■	
Bestandsführung						■				■	
Verfügbarkeitskontrolle						■				■	
Bruttobedarfsermittlung			■					■			
Nettobedarfsermittlung			■					■			
Bestellrechnung					■			■			
Lagerhaltungspolitik			■					■			
Arbeitsplanorganisation							■	■			
Durchlaufterminierung						■		■			
Kapazitätsbelastungsübersicht					■					■	
Kapazitätsabgleich					■					■	
Reihenfolgeplanung					■			■			

■ = häufigste innerhalb des Typs verwendete Lösung

Bild 83: Hilfsmittel und Durchführungshäufigkeit
in Betriebstyp 5

Aufgaben	Durchführungshäufigkeit							Art des Hilfsmittels			
	1/2-jährlich	1/4-jährlich	monatlich	14-tägig	wöchentlich	täglich	bei Bedarf	manuell	Magnetkontencomputer	EDV(Stapelverarbeitung)	EDV(Dialogverarbeitung)
Stücklistenorganisation			■					■			
Bestandsführung							■	■			
Verfügbarkeitskontrolle											
Bruttobedarfsermittlung							■	■			
Nettobedarfsermittlung							■	■			
Bestellrechnung							■	■			
Lagerhaltungspolitik							■	■			
Arbeitsplanorganisation							■	■			
Durchlaufterminierung							■	■			
Kapazitätsbelastungsübersicht							■	■			
Kapazitätsabgleich							■	■			
Reihenfolgeplanung							■	■			

■ = häufigste innerhalb des Typs verwendete Lösung

Bild 84: Hilfsmittel und Druchführungshäufigkeit
        in Betriebstyp 6

Aufgaben	Durchführungshäufigkeit							Art des Hilfsmittels			
	1/2-jährlich	1/4-jährlich	monatlich	14-tägig	wöchentlich	täglich	bei Bedarf	manuell	Magnetkontencomputer	EDV(Stapelverarbeitung)	EDV(Dialogverarbeitung)
Stücklistenorganisation						■				■	
Bestandsführung						■				■	
Verfügbarkeitskontrolle						■				■	
Bruttobedarfsermittlung			■							■	
Nettobedarfsermittlung			■							■	
Bestellrechnung			■							■	
Lagerhaltungspolitik							■	■			
Arbeitsplanorganisation						■				■	
Durchlaufterminierung					■					■	
Kapazitätsbelastungsübersicht					■					■	
Kapazitätsabgleich					■					■	
Reihenfolgeplanung					■					■	

■ = häufigste innerhalb des Typs verwendete Lösung

Bild 85: Hilfsmittel und Durchführungshäufigkeit
in Betriebstyp 7

Aufgaben	Durchführungshäufigkeit							Art des Hilfsmittels			
	1/2-jährlich	1/4-jährlich	monatlich	14-tägig	wöchentlich	täglich	bei Bedarf	manuell	Magnetkontencomputer	EDV(Stapelverarbeitung)	EDV(Dialogverarbeitung)
Stücklistenorganisation					■						■
Bestandsführung						■				■	
Verfügbarkeitskontrolle						■				■	
Bruttobedarfsermittlung			■							■	
Nettobedarfsermittlung			■							■	
Bestellrechnung						■					■
Lagerhaltungspolitik											
Arbeitsplanorganisation					■					■	
Durchlaufterminierung					■					■	
Kapazitätsbelastungsübersicht			■							■	
Kapazitätsabgleich			■							■	
Reihenfolgeplanung			■							■	

■ = häufigste innerhalb des Typs verwendete Lösung

Bild 86: Hilfsmittel und Durchführungshäufigkeit in Betriebstyp 8

Aufgaben	Durchführungshäufigkeit							Art des Hilfsmittels			
	1/2-jährlich	1/4-jährlich	monatlich	14-tägig	wöchentlich	täglich	bei Bedarf	manuell	Magnetkontencomputer	EDV (Stapelverarbeitung)	EDV (Dialogverarbeitung)
Stücklistenorganisation					■					■	
Bestandsführung				■						■	
Verfügbarkeitskontrolle				■						■	
Bruttobedarfsermittlung				■						■	
Nettobedarfsermittlung				■						■	
Bestellrechnung				■						■	
Lagerhaltungspolitik				■				■			
Arbeitsplanorganisation					■					■	
Durchlaufterminierung					■					■	
Kapazitätsbelastungsübersicht					■					■	
Kapazitätsabgleich					■					■	
Reihenfolgeplanung						■		■			

■ = häufigste innerhalb des Typs verwendete Lösung

Bild 87: Hilfsmittel und Durchführungshäufigkeit in Betriebstyp 9

Aufgaben	Durchführungshäufigkeit							Art des Hilfsmittels			
	1/2-jährlich	1/4-jährlich	monatlich	14-tägig	wöchentlich	täglich	bei Bedarf	manuell	Magnetkontencomputer	EDV (Stapelverarbeitung)	EDV (Dialogverarbeitung)
Stücklistenorganisation						■		■			
Bestandsführung						■				■	
Verfügbarkeitskontrolle						■				■	
Bruttobedarfsermittlung			■							■	
Nettobedarfsermittlung			■							■	
Bestellrechnung						■				■	
Lagerhaltungspolitik											
Arbeitsplanorganisation						■		■			
Durchlaufterminierung							■	■			
Kapazitätsbelastungsübersicht							■	■			
Kapazitätsabgleich							■	■			
Reihenfolgeplanung							■	■			

■ = häufigste innerhalb des Typs verwendete Lösung

Bild 88: Hilfsmittel und Durchführungshäufigkeit in Betriebstyp 10

10.5   Ergebnisse der iterativen Klassifikation
(Rechnerausdrucke)

10.5   Ergebnisse der iterativen Klassifikation
(Rechnerausdrucke)

TYPOLOGIE
RELOC CYC 1 COEF 24. 10 CLUSTERS MAXIT= 10 MINSIZ= -0 IREMOV= NO THRESH. TEST

CLASSIFICATION ARRAY

```
 1  2  2  3  1  4  5  6  3  2  7  7  2  2  5  2  8  3  2  3  5  1  2  2  2  9  2  3  8  9
10  3  2  2  9  3  3  6  2  1  5  2  5  2  2  2  3  5  2  8  4  7  7  5  4  3  2  5  7  1
 1  7  7  2  3  3 10  9  9  5  7  5  7  9  4  2  9  1  4  5  3  2  9  9  3  9  2  5
```

CLUSTER   1 NUMBER OF CASES =   7

CASE NUMBERS
 1   5 22 40 60 61 78

CLUSTER DIAGNOSIS OF MEANS, STANDARD DEVIATIONS AND F-RATIO

VAR	F-RATIO	T	MN-ORIG	STD-ORIG	VAR	F-RATIO	T	MN-ORIG	STD-ORIG
32	.0000	-.6475	.0000	.0000	13	.0000	-.2063	.0000	.0000
33	.0000	-.2182	.0000	.0000	10	.0000	-.4256	.0000	.0000
12	.0000	-.2157	.0000	.0000	31	.0000	-.5247	.0000	.0000
11	.0000	-.3242	.0000	.0000	30	.0001	.3724	1.0001	.0001
18	.0001	-.1767	1.0001	.0001	44	.0001	.8922	2.0001	.0001
9	.0001	-.1762	.1429	.3500	35	.0001	-.2896	5.0001	4.9857
5	.0004	-.2880	1.4286	.7285	42	.0353	-.1463	357.1429	292.0722
6	.0304	-.4523	5.2858	6.9017	37	.0614	-1.5355	13.5715	7.8876
22	.0645	-.3918	250.0001	312.9126	25	.0568	-.8407	8.8572	8.4925
19	.1102	-.4318	5.0001	4.6242	7	.1188	-.1951	1.4286	1.7613
20	.2600	.9238	7.2858	1.0302	34	.2771	.4201	80.0000	17.7282
29	.3272	-.5075	17.1429	14.1061	39	.3311	-.1162	1182.8572	1007.0710
8	.3321	-.5737	9.2858	22.7453	4	.3455	-.1936	16.8572	14.7593
21	.4427	.0992	5.2858	1.0302	28	.4323	-.0567	7.5572	3.1354
45	.5031	.2581	11.4286	8.3300	17	.5225	.4796	1.8572	.3500
15	.5292	.4590	1.8572	.3500	49	.5474	-.1119	23.5715	16.6273
3	.6394	2.1619	63.5715	20.3039	38	.7320	.1447	53142.8572	52929.5037
48	.7939	.4405	11.4286	13.5527	27	.7999	-.0457	37.1429	13.0984
26	.8016	.7743	55.5715	19.7691	24	.8709	.3435	74.1429	24.2106
45	.9992	-.4007	47.8572	23.8833	14	1.1973	-.3350	2.2358	.6399
23	1.4095	.4344	22757.1429	23317.3055	16	1.5052	-.5513	1.5715	.4944
47	1.7757	.3132	5.7143	9.0351	2	2.0299	1.8504	33.4286	14.7563
40	2.0954	.8803	25.4286	22.0640	41	2.3531	.6960	12865.7143	13047.1805
1	2.5004	2.2100	63.9715	29.4515	36	5.9481	1.7223	6085.1429	6643.2964
43	6.6105	2.1117	1367.1429	1418.7189					

Tafel 12: Statistische Kennwerte des Betriebstyps 1

```
CLUSTER   2 NUMBER OF CASES =   24

CASE NUMBERS
 2   3  10  13  14  16  19  23  24  25  27  33  34  39  42  44  45  46  47  57  64  76  82  87

CLUSTER DIAGNOSIS OF MEANS, STANDARD DEVIATIONS AND F-RATIO
```

VAR	F-RATIO	T	MN-ORIG	STD-ORIG	VAR	F-RATIO	T	MN-ORIG	STD-ORIG
12	.0003	-.2125	.0417	.1999	9	.0015	-.1346	4.0001	3.4371
43	.0074	-.2917	40.9584	47.4109	42	.0063	-.3194	87.4334	140.5556
13	.0121	-.1834	.0417	.1999	35	.0122	-.2346	59.1250	103.6514
39	.0212	-.6289	285.5001	254.4249	5	.0366	-.2130	4.2917	7.2943
48	.0421	-.2560	.8334	3.1191	38	.0435	-.3543	15333.7034	15325.4246
23	.1016	-.3924	5536.4167	5256.9305	11	.1056	-.1687	1.7501	3.6544
6	.1245	-.4454	5.5001	10.4552	36	.2215	-.2967	612.5001	1242.8302
41	.2322	-.4630	3113.0417	4093.4603	1	.2424	-.3041	17.1459	7.1691
7	.3135	-.2201	1.2501	2.5614	2	.3559	-.2717	11.3277	[illegible]
32	.3670	-.4649	.0834	.2764	10	.3705	-.1268	7.0334	14.4270
40	.4365	-.2249	8.5834	10.0703	31	.4513	-.3222	.0334	.2764
14	.4711	.5864	2.6751	.4390	21	.5149	-.5806	3.3751	1.1111
20	.5444	-1.0273	3.3334	1.4909	28	.5731	-.4423	18.7501	18.5688
26	.6306	-.6576	26.9584	17.5321	29	.6466	-.0505	7.7501	3.5315
27	.7035	-.6416	25.0834	16.9729	47	.7213	-.2173	2.0034	5.7535
49	.7501	-.1536	22.6667	18.7920	25	.8072	-.0002	36.0334	29.1032
44	.8372	.3051	1.7084	.4546	45	.8505	.1703	61.5001	22.0341
16	.8537	.0940	1.8334	.3727	4	.9046	.1619	24.7501	23.7507
30	.9195	.0793	.8751	.4370	33	.9204	-.0151	.0417	.1799
8	1.0033	.3079	44.0834	39.5337	15	1.0504	-.1102	1.5334	.4931
17	1.0593	-.1721	1.5417	.4983	19	1.0755	.0283	11.4167	14.4524
22	1.1285	.0655	763.3751	1306.5936	18	1.1554	.1474	1.0034	.2764
24	1.1733	-.4000	51.6667	32.7449	37	1.1845	-.2279	55.2044	34.6555
3	1.2403	.1360	18.5417	27.2336	34	1.3844	-.4212	51.6667	39.6250
46	2.1698	.4203	13.3334	17.3005					

Tafel 13: Statistische Kennwerte des Betriebstyps 2

```
CLUSTER   3 NUMBER OF CASES =   13

CASE NUMBERS
   4   9  16  28  32  36  37  47  56  65  66  81  85
```

CLUSTER DIAGNOSIS OF MEANS, STANDARD DEVIATIONS AND F-RATIO

VAR	F-RATIO	T	MN-ORIG	STO-ORIG
11	.0000	-.3242	.0000	.0000
10	.0000	-.4256	.0000	.0000
42	.0411	-.1368	294.2308	315.0327
43	.0470	-.1889	97.6924	119.6247
35	.0624	-.1497	142.6924	245.7242
20	.0696	.3686	5.1539	.5330
3	.1224	-.4517	3.9231	8.5527
23	.1544	-.1464	10369.2308	7716.7535
36	.2148	-.0907	1145.7693	1262.2026
21	.2722	.2195	5.0770	.7294
40	.3321	-.2429	5.3077	8.7624
47	.4570	.2646	5.3847	4.5833
39	.4831	-.1433	1065.3847	1216.4553
37	.5028	.3333	73.0770	22.5780
49	.6278	.1489	29.2308	17.1920
29	.8231	.1598	33.8462	22.3740
14	.9258	-.6614	2.0770	.6154
27	1.0026	.8406	55.0770	20.2617
25	1.0121	.4326	66.3077	32.5893
18	1.0740	.1224	1.0770	.2665
16	1.0911	-.0650	1.7693	.4214
32	1.1371	.7013	.6154	.4866
24	1.5114	-.3254	53.9231	37.1635
5	1.8956	.3035	24.0001	52.5314
9	5.6659	.0710	107.4616	248.2058

VAR	F-RATIO	T	MN-ORIG	STO-ORIG
13	.0000	-.2063	.0000	.0000
12	.0000	-.2157	.0000	.0000
48	.0423	-.1343	1.9231	3.1247
38	.0594	-.2206	26269.2303	17422.4742
22	.0690	-.3263	251.4515	313.5334
41	.1063	-.3429	4134.6154	2772.9936
46	.1247	-.5165	2.3077	4.2133
7	.1921	-.5550	-.4515	2.2431
4	.2212	-.5512	6.9231	11.7570
2	.2634	-.2363	11.6770	5.3167
45	.4323	.1556	51.1539	15.7052
1	.4715	-.2714	17.7539	12.7797
8	.4905	1.2549	51.4516	27.5751
6	.6039	-.3741	7.6724	23.9032
26	.7740	.7171	57.3077	19.5719
17	.9059	.1391	1.6724	.4516
34	.7636	.0559	66.8462	35.0591
44	1.0071	-.0369	1.5395	.4765
31	1.0486	.0362	.2306	.4214
15	1.0740	-.2035	1.5365	.4755
30	1.1294	-.4673	.0154	.4506
19	1.1921	.0512	12.1539	15.2256
33	1.5366	.1511	.0770	.2569
28	3.5344	.7414	11.4516	3.4709

Tafel 14: Statistische Kennwerte des Betriebstyps 3

```
CLUSTER   4 NUMBER OF CASES =    5

CASE NUMBERS
  6  51  55  75  79
```

CLUSTER DIAGNOSIS OF MEANS, STANDARD DEVIATIONS AND F-RATIO

VAR	F-RATIO	T	MN-ORIG	STD-ORIG
47	.0000	-.5245	.0000	.0000
48	.0000	-.3107	.0000	.0000
10	.0000	-.4256	.0000	.0000
13	.0000	-.7053	.0000	.0000
11	.0000	-.3242	.0000	.0000
18	.0001	-.1767	1.0001	.0001
5	.0021	-.3202	.2001	1.7265
35	.0035	-.2410	52.8001	90.2029
22	.0171	-.3555	232.0001	160.4245
45	.0261	-1.6503	16.0001	4.0001
36	.0389	-.1161	1077.6001	537.0355
4	.0702	-.3721	11.4001	6.6212
7	.0827	.0832	2.8001	1.4697
20	.1372	.6854	6.6001	.7464
21	.2670	.4272	5.4001	.8001
49	.3059	1.8435	65.0000	12.0001
2	.3506	.6863	21.2601	6.1360
46	.4640	.6473	16.0001	8.0001
37	.5484	-.4857	47.0001	23.5797
44	.6484	-.7182	1.2001	.4001
15	.6915	.3402	1.8001	.4001
27	.7815	.0455	40.0001	17.8895
29	1.2626	.0706	31.4001	27.7100
23	1.9702	2.3605	60000.0001	27558.0975
38	7.0731	2.5219	226000.0001	195693.6382

VAR	F-RATIO	T	MN-ORIG	STD-ORIG
31	.0000	-.5247	.0000	.0000
33	.0000	-.2162	.0000	.0000
12	.0000	-.2157	.0000	.0000
32	.0000	-.6475	.0000	.0000
30	.0001	.3724	1.0001	.0001
9	.0001	-.1737	.4001	.0001
43	.0079	-.2713	52.2001	48.5321
6	.0103	-.7563	2.0001	4.0001
39	.0270	.3133	1434.6001	287.4520
42	.0329	-.1858	291.0001	281.7517
40	.0596	-.2238	3.6001	3.7203
41	.0733	-.5356	2495.0001	2301.6516
1	.1133	.4980	32.1001	5.2565
25	.1468	-.0545	34.0001	12.4047
26	.2955	-.2460	36.0001	12.0001
28	.3135	-.2465	7.0001	2.5299
24	.3940	-.1244	60.0001	18.7737
3	.5409	.0150	15.6001	17.9545
14	.5867	.1564	2.6001	.4695
17	.6427	.3615	1.5001	.4001
8	.7437	1.6835	71.0000	25.5330
16	.9834	.0113	1.5001	.4001
34	1.4671	-.3519	54.0001	40.7922
19	2.1506	.6302	22.6001	20.4515

Tafel 15: Statistische Kennwerte des Betriebstyps 4

CLUSTER   5 NUMBER OF CASES =   11

CASE NUMBERS
    7   21   41   43   45   54   56   70   72   80   86

CLUSTER DIAGNOSIS OF MEANS, STANDARD DEVIATIONS AND F-RATIO

VAR	F-RATIO	T	MN-ORIG	STD-ORIG
33	.0000	-.2182	.0000	.0000
9	.0000	-.1776	.0000	.0000
13	.0000	-.2063	.0000	.0000
11	.0000	-.3242	.0000	.0000
5	.0132	-.1705	2.9091	4.3704
48	.0358	-.2510	.9091	2.8748
38	.1343	-.2419	21024.9091	27452.3158
36	.2015	-.0954	1134.0001	1222.5196
43	.2556	-.0592	169.2728	279.0680
3	.3139	-.2058	10.1819	13.6959
45	.3655	-.1731	5.3637	7.1003
30	.3944	.1736	.9091	.2875
45	.4322	-.4442	46.8182	15.7066
37	.4646	.5678	80.5455	21.7052
4	.6069	.1682	24.9091	19.4771
49	.6396	.4986	36.3182	17.3563
0	.7160	1.4655	64.9091	26.0331
14	.8031	-.4974	2.1819	.5790
17	.8463	.2113	1.7273	.4454
21	.8953	-.5944	3.8182	1.4659
27	1.0081	.3201	44.5455	20.3174
31	1.1717	.1331	.2728	.4454
29	1.4595	.5404	43.1819	29.7927
47	1.9595	.8162	9.0910	9.4912
7	2.9324	1.6165	10.6364	5.7519

VAR	F-RATIO	T	MN-ORIG	STD-ORIG
8	.0000	-.5050	.0000	.0000
10	.0000	-.4256	.0000	.0000
12	.0000	-.2157	.0000	.0000
35	.0030	-.2555	38.5455	53.8711
23	.0205	-.4114	5153.6364	2811.4267
42	.1262	-.1731	315.4546	952.4570
34	.1932	-.2460	452.2728	754.7730
24	.2382	.3989	75.8142	14.7514
28	.2661	-.3069	6.7273	2.4158
22	.3422	-.1958	438.2728	717.5434
34	.3771	.4505	81.3537	20.5705
2	.4143	-.3217	10.7091	6.5747
1	.4544	-.2436	16.2728	12.5547
15	.5080	.2616	1.9091	.2675
25	.6100	-.3704	24.0910	25.2414
32	.7147	-.2490	.1319	.3357
20	.8037	-.5524	4.2728	1.5157
41	.8195	.1371	8217.2728	7544.5479
15	.8572	.1490	1.7273	.4454
44	.9371	.1502	1.6364	.4511
26	1.0777	.1546	45.0001	22.9164
19	1.3810	-.0537	10.2728	15.2575
40	1.7355	.5957	21.0910	20.3559
18	2.7500	-.1767	1.0001	.4255

Tafel 16: Statistische Kennwerte des Betriebstyps 5

```
CLUSTER  6 NUMBER OF CASES =    3

CASE NUMBERS
 8  15  38
```

CLUSTER DIAGNOSIS OF MEANS, STANDARD DEVIATIONS AND F-RATIO

VAR	F-RATIO	T	MN-ORIG	STD-ORIG	VAR	F-RATIO	T	MN-ORIG	STD-ORIG
13	.0000	-.2063	.0000	.0000	12	.0000	-.2157	.0000	.0000
33	.0000	-.2182	.0000	.0000	18	.0001	-.1767	1.0001	.0001
14	.0001	.7818	3.0001	.0001	48	.0001	4.9456	50.0000	.0001
43	.0001	-.3611	2.6667	1.6997	42	.0001	-.3652	16.6667	7.4281
36	.0005	-.4722	86.6667	59.1627	5	.0007	-.2905	1.3334	.7427
41	.0016	-.7642	515.6667	332.4990	9	.0031	-.1376	4.0001	5.6567
49	.0076	-1.1367	1.3334	1.8857	38	.0067	-.5046	5366.6667	5521.6975
28	.0109	-.6156	5.3334	.4715	46	.0145	-.6298	1.0001	1.4143
11	.0282	-.2057	1.3334	1.8857	3	.0372	-.4459	3.3334	4.7141
45	.0390	-1.7061	16.6667	4.7141	47	.0435	-.3770	1.0001	1.4143
40	.0469	-.4381	5.3334	3.2999	23	.0516	-.4453	3713.3334	4459.1570
7	.0596	-.1385	1.6667	1.2473	29	.0823	-.5944	15.0001	7.0711
21	.0927	-.0075	3.3334	.4715	22	.1245	-.2407	386.6667	433.7775
4	.1355	-.5481	7.0001	9.2015	19	.1417	.1179	12.6667	5.2494
39	.1475	-.4778	550.0001	672.0615	20	.2173	-.8523	3.6667	.9429
26	.3370	-.6255	27.6667	12.8150	1	.3434	-.5463	12.6334	10.7135
24	.4074	.4270	75.6667	19.2931	25	.4446	.4254	50.0001	21.6025
37	.4503	.2367	70.0000	21.6025	27	.5834	-.4510	25.3334	19.4551
34	.8425	-.0747	63.3334	30.9121	2	.8552	-.4291	9.7001	9.5544
44	.9006	.2212	1.6667	.4715	6	.9155	.3504	30.0001	29.4343
17	.9482	-.6024	1.3334	.4715	15	.9504	-.6299	1.3334	.4715
30	1.0604	1.1005	1.3334	.4715	32	1.0576	.0031	.3334	.4715
31	1.3127	.2854	.3334	.4715	16	1.3658	-1.1456	1.3334	.4715
8	1.3962	.0271	33.0001	46.6691	10	2.5306	.6993	26.6657	37.7124
35	6.1567	1.5024	1766.3334	2441.6012					

Tafel 17: Statistische Kennwerte des Betriebstyps 6

```
CLUSTER   7 NUMBER OF CASES =    9

CASE NUMBERS
  11  12  52  53  59  62  63  71  73

CLUSTER DIAGNOSIS OF MEANS, STANDARD DEVIATIONS AND F-RATIO
```

VAR	F-RATIO	T	MN-ORIG	STD-ORIG	VAR	F-RATIO	T	MN-ORIG	STD-ORIG
47	.0000	-.5245	.0000	.0000	18	.0001	-.1767	1.0001	.0001
48	.0005	-.3034	.1112	.3143	9	.0015	-.1429	3.5556	4.2717
5	.0099	-.2672	2.2223	3.7941	43	.0126	-.1451	99.7778	61.6943
7	.0152	-.4212	.2223	.6286	6	.0235	-.5700	1.6667	4.7141
13	.0300	-.1452	.1112	.3143	3	.0372	-.4357	3.3334	4.7141
40	.0875	-.3370	6.1112	4.5079	19	.1930	.1100	12.5556	5.9650
12	.2260	-.0476	2.2223	6.2654	45	.2567	.7955	76.4445	12.3535
38	.2717	.2379	60000.0001	38334.7826	4	.2755	-.4281	10.0001	13.1234
46	.2836	-.0906	7.3334	6.2539	1	.3120	-.3236	16.7778	10.4028
26	.3964	.7887	58.8889	13.9000	49	.3985	-.4557	16.1112	13.5987
23	.4343	.1193	15556.6667	12942.6943	36	.4572	-.2117	517.0001	1441.7124
28	.4903	.1963	9.0001	3.1623	20	.4960	1.0074	7.4445	1.4230
41	.5503	.0587	7550.0001	6309.4286	27	.5556	.2322	43.7778	15.0534
16	.6071	.2317	1.8889	.3143	37	.6308	.3239	72.7778	25.2555
21	.6488	1.2452	6.6667	1.2473	8	.5635	-.1052	27.7778	32.1552
44	.7005	-.6735	1.2223	.4158	42	.7267	.4659	1309.4445	1325.9304
17	.7375	-.6319	1.2223	.4158	34	.7402	-.1077	62.2223	25.4743
14	.7847	-.6080	2.1112	.5666	32	.8304	1.0572	.7778	.4158
11	.7327	.9204	14.0001	10.8628	2	.9723	-.0700	13.4223	10.2147
25	.9801	.5152	52.7778	32.0686	15	1.0571	-.1579	1.5556	.4770
24	1.0744	.0521	65.3334	31.3334	29	1.2677	.3743	38.8389	27.7567
31	1.4586	.8255	.5556	.4970	39	1.4871	1.4615	3944.4445	2134.4328
30	1.5316	.1297	.8889	.5666	35	1.6951	.3576	551.6557	1354.5957
10	2.3727	1.8945	55.0001	36.5149	22	3.1744	1.1261	2070.4445	2195.4746
33	3.9836	.8487	.2223	.4158					

Tafel 18: Statistische Kennwerte des Betriebstyps 7

```
CLUSTER   8 NUMBER OF CASES =    4

CASE NUMBERS
  17   20   29   50

CLUSTER DIAGNOSIS OF MEANS, STANDARD DEVIATIONS AND F-RATIO
```

VAR	F-RATIO	T	MN-ORIG	STD-ORIG	VAR	F-RATIO	T	MN-ORIG	STD-ORIG
33	.0000	-.2182	.0000	.0000	5	.0000	-.3255	.0000	.0000
4	.0000	-.8281	.0000	.0000	6	.0000	-.6241	.0000	.0000
7	.0000	-.4646	-.0000	.0000	32	.0000	-1.5443	1.0001	.0000
31	.0000	1.9057	1.0001	.0000	43	.0001	-.3320	18.7501	2.1651
23	.0006	-.6170	1125.0001	476.3140	38	.0032	-.4299	10875.0001	4155.9512
11	.0134	-.2576	.7501	1.2991	9	.0143	-.0600	10.0001	12.2475
42	.0210	-.2313	225.0001	225.1111	49	.0366	-1.0253	3.7501	4.1456
20	.0450	.4162	5.2501	.4331	37	.0555	.7803	87.5000	7.5001
36	.0642	-.3272	502.5001	689.7147	48	.0743	-.0642	3.7501	4.1456
2	.0780	-.7451	6.4251	2.8943	21	.0783	.3303	5.2501	.4331
41	.0934	-.3704	3900.0001	2599.0383	28	.1073	-.4126	6.2501	1.4791
3	.1255	-.4177	5.0001	8.6603	1	.1637	-.6501	10.7001	7.9019
40	.1862	-.1647	7.5001	6.5765	26	.2661	-.4632	31.2501	11.3561
45	.2956	.6307	72.5001	12.9904	10	.3003	-.1042	7.5001	12.9904
27	.4694	-.0898	36.2501	13.8632	29	.5421	-.0368	28.7501	14.1573
8	.5778	-.0489	30.0001	30.0001	14	.5112	.0000	2.5001	.5001
22	.7730	.7666	1625.7501	1081.4062	17	.8000	.2582	1.7501	.4331
24	.8764	-.2980	54.7501	25.3313	30	.8947	-1.2559	.2501	.4331
34	.9740	-.4335	51.2501	33.2369	44	1.0131	-.1143	1.5001	.5001
15	1.0604	-.2634	1.5001	.5001	46	1.0374	.1365	10.0001	12.2475
16	1.1524	-.1126	1.7501	.4331	25	1.7332	.3522	47.5001	42.6469
19	1.8962	.4645	17.5001	19.2029	47	2.1752	.9903	10.0001	10.0001
18	2.8350	.7955	1.2501	.4331	39	3.4235	.5749	2392.5001	3238.5443
12	3.5392	4.1330	57.5001	24.8747	13	4.5785	4.0563	7.7501	3.5772
35	6.0160	1.9528	2211.5001	2413.5345					

Tafel 19: Statistische Kennwerte des Betriebstyps 8

```
 26  CLUSTER   9 NUMBER OF CASES =   10

 28  CASE NUMBERS
 30   26  30  35  68  69  74  77  83  84  86


 32  CLUSTER DIAGNOSIS OF MEANS, STANDARD DEVIATIONS AND F-RATIO
 34     VAR    F-RATIO       T        MN-ORIG       STD-ORIG        VAR    F-RATIO       T        MN-ORIG       STD-ORIG
```

VAR	F-RATIO	T	MN-ORIG	STD-ORIG	VAR	F-RATIO	T	MN-ORIG	STD-ORIG
13	.0000	-.2063	.0000	.0000	33	.0000	-.2162	.0000	.0000
47	.0000	-.5245	.0000	.0000	12	.0000	-.2157	.0000	.0000
31	.0000	-.5247	.0000	.0000	18	.0001	-.1767	1.0001	.0001
9	.0015	-.1561	2.2001	3.8419	35	.0026	-.2498	44.2001	49.2236
10	.0235	-.3497	1.8001	3.6277	3	.0341	-.4259	4.8001	4.5123
20	.0515	.6389	6.7001	.4583	24	.0769	.6530	43.5000	5.3516
43	.0908	-.1793	2.0001	4.5826	21	.1043	.4918	5.5001	.5001
11	.1063	-.1820	1.6001	3.6651	39	.1143	.1867	56232.3001	24351.7552
19	.1669	-.4605	4.6001	5.6957	28	.2065	-.1801	7.3001	2.0519
25	.2147	-.7868	10.6001	15.0080	14	.2201	.6254	2.9001	.3001
43	.2436	.0706	241.0001	272.3032	46	.2629	-.5021	2.5001	5.0208
40	.2903	-.2238	8.6001	8.2122	34	.3254	.3904	79.0000	19.2074
1	.3374	.3904	30.0801	10.8187	8	.4174	-.4315	14.9001	25.4767
32	.4324	-.4283	.1001	.3001	22	.5057	-.2325	396.8001	874.6399
36	.5407	.1814	1887.8001	2002.9410	27	.5356	-.1120	35.8001	15.4542
7	.6359	.2593	3.7001	4.0756	26	.7740	-.2707	35.5001	19.4230
2	.8111	.3428	17.7001	9.3336	29	.8259	.3991	39.5001	22.4110
44	.8510	-.5169	1.3001	.4583	37	.8953	.1456	67.1000	30.1279
17	.8961	.1550	1.7001	.4583	15	.9075	.1323	1.7001	.4533
45	.9288	.4633	68.5000	23.0272	16	.9834	.0113	1.8001	.4001
6	.9854	-.1787	24.7001	30.5420	30	1.0020	-.2629	.7001	.4553
41	1.2323	1.5153	19940.0001	9442.0549	39	1.2643	.5820	2405.0001	1965.0511
49	1.4145	.0461	27.0001	25.8070	23	1.9352	.3491	20100.0001	27321.9642
4	2.2413	1.3238	53.8001	37.4295	5	2.3362	.3507	25.6001	56.4357
42	5.7643	-1.2152	2475.0001	3741.0728					

Tafel 20: Statistische Kennwerte des Betriebstyps 9

CLUSTER 10 NUMBER OF CASES =   2

CASE NUMBERS
 31 67

CLUSTER DIAGNOSIS OF MEANS, STANDARD DEVIATIONS AND F-RATIO

VAR	F-RATIO	T	MN-ORIG	STD-ORIG	VAR	F-RATIO	T	MN-ORIG	STD-ORIG
33	.0000	-.2182	.0000	.0000	30	.0000	.3724	1.0001	.0000
17	.0000	.7746	2.0001	.0000	9	.0000	-.1776	.0000	.0000
7	.0000	-.4646	.0000	.0000	8	.0000	-.9090	.0000	.0000
16	.0000	.5071	2.0001	.0000	6	.0000	-.6241	.0000	.0000
18	.0000	-.1767	1.0001	.0000	26	.0000	-.0669	40.0001	.0000
12	.0000	-.2157	.0000	.0000	13	.0000	-.2063	.0000	.0000
28	.0000	.4177	10.0001	.0000	15	.0000	.7560	2.0001	.0000
1	.0005	-.6018	-11.6001	.4001	22	.0013	-.5067	57.0001	43.0001
35	.0067	.2470	533.0001	80.0001	2	.0113	-.8536	5.3001	1.1001
34	.0221	.6655	95.0001	5.0001	42	.0239	-.1760	310.0001	240.0001
25	.0239	-.6510	15.0001	5.0001	48	.0271	-.1464	2.5001	2.5001
4	.0400	-.0281	20.0001	5.0001	46	.0454	.3493	12.5001	2.5001
49	.0531	-.5069	15.0001	5.0001	21	.1043	.4918	5.5001	.5001
43	.1094	.0282	217.5001	182.5001	19	.1266	-.4315	5.0001	5.0001
27	.2443	.5897	50.0001	10.0001	20	.2450	.7874	7.0001	1.0001
39	.2946	-.1921	1050.0001	750.0000	41	.3119	.0234	7250.0001	4750.0001
45	.3942	.3168	65.0001	15.0001	37	.3746	-.0774	60.0001	20.0001
23	.4035	-.0366	12525.0001	12475.0001	3	.5122	.7068	32.5001	17.5001
36	.5402	.2402	2049.0001	2002.0001	47	.5435	.2129	5.0001	5.0001
24	.5540	.2871	72.5001	22.5001	36	.6058	.2753	62750.0001	57250.0001
10	.9009	1.5781	47.5001	22.5001	44	1.0131	-.1143	1.5001	.5001
5	1.0991	3.8680	160.0001	40.0001	32	1.2010	.4464	.5001	.5001
29	1.3356	.0747	31.5001	28.5001	31	1.4768	.6705	.5001	.5001
11	1.7784	5.4544	65.0001	15.0001	14	2.4445	-.7817	2.0001	1.0001
40	4.5464	2.3283	47.5001	32.5001					

Tafel 21: Statistische Kennwerte des Betriebstyps 10

IPA Forschung und Praxis

Berichte aus dem Fraunhofer-Institut für Produktionstechnik und Automatisierung, Stuttgart, und dem Institut für Industrielle Fertigung und Fabrikbetrieb der Universität Stuttgart

Herausgeber: Prof. Dr.-Ing. H. J. Warnecke

Die Berichte 38 und folgende sind zu beziehen durch den Springer-Verlag, Berlin Heidelberg New York